Ein Verfahren zur Optimierung der Kraftwerksrevisions- planung und -durchführung

Von der Fakultät Konstruktions- und Fertigungstechnik

der Universität Stuttgart zur Erlangung

der Würde eines Doktor-Ingenieurs (Dr.-Ing.)

genehmigte Abhandlung

vorgelegt von

Dipl. Wirtsch.-Ing. Siegfried Stender

Hauptberichter: Prof. Dr.-Ing. Dr. h.c. E. Westkämper

Mitberichter: Prof. Dr.-Ing. habil. Dr. h.c. H.-J. Bullinger

Tag der Einreichung: 22.5.1996

Tag der mündlichen Prüfung: 10.3.1997

Siegfried Stender

Ein Verfahren zur Optimierung der Kraftwerksrevisionsplanung und -durchführung

Mit 36 Abbildungen

Springer

Dr.-Ing. Siegfried Stender
Fraunhofer-Institut für Produktionstechnik und Automatisierung (IPA), Stuttgart

Prof. Dr.-Ing. Dr. h. c. E. Westkämper
o. Professor an der Universität Stuttgart
Fraunhofer-Institut für Produktionstechnik und Automatisierung (IPA), Stuttgart

Prof. Dr.-Ing. habil. Dr. h. c. H.-J. Bullinger
o. Professor an der Universität Stuttgart
Fraunhofer-Institut für Arbeitswirtschaft und Organisation (IAO), Stuttgart

D 93

ISBN-13: 978-3-540-63168-2   e-ISBN-13: 978-3-642-47902-1
DOI: 10.1007/ 978-3-642-47902-1

Gesamtherstellung: Copydruck GmbH, Heimsheim
SPIN 10632744   62/3020–543210

Geleitwort der Herausgeber

Über den Erfolg und das Bestehen von Unternehmen in einer marktwirtschaftlichen Ordnung entscheidet letztendlich der Absatzmarkt. Das bedeutet, möglichst frühzeitig absatzmarktorientierte Anforderungen sowie deren Veränderungen zu erkennen und darauf zu reagieren.

Neue Technologien und Werkstoffe ermöglichen neue Produkte und eröffnen neue Märkte. Die neuen Produktions- und Informationstechnologien verwandeln signifikant und nachhaltig unsere industrielle Arbeitswelt. Politische und gesellschaftliche Veränderungen signalisieren und begleiten dabei einen Wertewandel, der auch in unseren Industriebetrieben deutlichen Niederschlag findet.

Die Aufgaben des Produktionsmanagements sind vielfältiger und anspruchsvoller geworden. Die Integration des europäischen Marktes, die Globalisierung vieler Industrien, die zunehmende Innovationsgeschwindigkeit, die Entwicklung zur Freizeitgesellschaft und die übergreifenden ökologischen und sozialen Probleme, zu deren Lösung die Wirtschaft ihren Beitrag leisten muß, erfordern von den Führungskräften erweiterte Perspektiven und Antworten, die über den Fokus traditionellen Produktionsmanagements deutlich hinausgehen.

Neue Formen der Arbeitsorganisation im indirekten und direkten Bereich sind heute schon feste Bestandteile innovativer Unternehmen. Die Entkopplung der Arbeitszeit von der Betriebszeit, integrierte Planungsansätze sowie der Aufbau dezentraler Strukturen sind nur einige der Konzepte, die die aktuellen Entwicklungsrichtungen kennzeichnen. Erfreulich ist der Trend, immer mehr den Menschen in den Mittelpunkt der Arbeitsgestaltung zu stellen - die traditionell eher technokratisch akzentuierten Ansätze weichen einer stärkeren Human- und Organisationsorientierung. Qualifizierungsprogramme, Training und andere Formen der Mitarbeiterentwicklung gewinnen als Differenzierungsmerkmal und als Zukunftsinvestition in *Human Recources* an strategischer Bedeutung.

Von wissenschaftlicher Seite muß dieses Bemühen durch die Entwicklung von Methoden und Vorgehensweisen zur systematischen Analyse und Verbesserung des Systems Produktionsbetrieb einschließlich der erforderlichen Dienstleistungsfunktionen unterstützt werden. Die Ingenieure sind hier gefordert, in enger Zusammenarbeit mit anderen Disziplinen, z.B. der Informatik, der Wirtschaftswissenschaften und der Arbeitswissenschaft, Lösungen zu erarbeiten, die den veränderten Randbedingungen Rechnung tragen.

Die von den Herausgebern geleiteten Institute, das

- Institut für Industrielle Fertigung und Fabrikbetrieb der
  Universität Stuttgart (IFF),

- Institut für Arbeitswissenschaft und Technologiemanagement (IAT)

- Fraunhofer-Institut für Produktionstechnik und Automatisierung
  (IPA),

- Fraunhofer-Institut für Arbeitswirtschaft und Organisation (IAO)

arbeiten in grundlegender und angewandter Forschung intensiv an
den oben aufgezeigten Entwicklungen mit. Die Ausstattung der
Labors und die Qualifikation der Mitarbeiter haben bereits in der
Vergangenheit zu Forschungsergebnissen geführt, die für die Praxis
von großem Wert waren. Zur Umsetzung gewonnener Erkenntnisse wird
die Schriftenreihe "IPA-IAO - Forschung und Praxis" herausgegeben.
Der vorliegende Band setzt diese Reihe fort. Eine Übersicht über
bisher erschienene Titel wird am Schluß dieses Buches gegeben.

Dem Verfasser sei für die geleistete Arbeit gedankt, dem Springer-
Verlag für die Aufnahme dieser Schriftenreihe in seine Angebots-
palette und der Druckerei für saubere und zügige Ausführung. Möge
das Buch von der Fachwelt gut aufgenommen werden.

                              E. Westkämper   H.-J. Bullinger

Vorwort des Verfassers

Die vorliegende Arbeit entstand während meiner Tätigkeit am Fraunhofer Institut für Produktionstechnik und Automatisierung (IPA) in Stuttgart.

Herrn Professor Dr.-Ing. Dr. h.c. E. Westkämper bin ich für die wohlwollende Förderung und großzügige Unterstützung der Arbeit zu besonderem Dank verpflichtet.

Mein Dank gilt ebenfalls Herrn Professor Dr.-Ing. habil. Dr. h.c. H.-J. Bullinger für die eingehende Durchsicht der Arbeit und die sich daraus ergebenden wertvollen Anregungen sowie der Übernahme des Mitberichtes.

Ein herzlicher Dank geht auch an Herrn Professor Dr.-Ing. Dr. h.c. mult. H.-J. Warnecke sowie Herrn Dr.-Ing. W. Sihn, die mich durch ihre stets offene Diskussionsbereitschaft und konstruktive Kritik unterstützten.

Ferner bin ich Herrn Dipl.-Ing. W. Girod für die Anregungen aus der betrieblichen Praxis zu großem Dank verpflichtet.

Allen Mitarbeitern des Institutes, die mir durch Ihre Einsatz- und Hilfsbereitschaft die Erstellung der Arbeit erleichtert haben, danke ich vielmals. Dies gilt im besonderen für Olaf und Jürgen.

Ohne die Unterstützung meiner Frau Inge, meines Sohnes Dominik sowie Jule, die mit großer Geduld und Zuversicht einen Teil der Belastungen eines Promotionsverfahrens mittrugen, hätte ich es nicht geschafft. Danke.

Stuttgart, 1997   Siegfried Stender

Inhaltsverzeichnis

Inhaltsverzeichnis

Abkürzungen

AVO	Arbeitsvorgang
Bstd.	Betriebsstunden [Stunden]
bzgl.	bezüglich
bzw.	beziehungsweise
ca.	cirka
CAD	computer-aided-design
DIN	Deutsche Industrienorm
DKIN	Deutsches Komitee Instandhaltung
DM	Deutsche Mark
DV	Datenverarbeitung, wird synonym zu EDV verwendet
EDV	Elektronische Datenverarbeitung
ET	Ersatzteil
etc.	et cetera
evtl.	eventuell
GPM	Gesellschaft für Projektmanagement
i.d.R.	in der Regel
i.e.S.	im engeren Sinne
IH	Instandhaltung
IHS	Instandhaltungssystem
KKS	Kraftwerkkennzeichnungssystem
KW	Kalenderwoche
MA	Mitarbeiter

MB   Megabyte

Mio.   Millionen

Mrd.   Milliarden

Nr.   Nummer

p.a.   per anno

PSP   Projektstrukturplan

Std.   Sunden

TÜV   Technischer Überwachungs Verein

u.a.   unter anderem

u.ä.   und ähnliches

usw.   und so weiter

u.U.   unter Umständen

VDI   Verein Deutscher Ingenieure

VGB   Technische Vereinigung der Großkraftwerksbetreiber e.V.

VRF   Vorzugsreihenfolge

z.B.   zum Beispiel

Formelzeichen

ap $\quad$ = Auftragsposition

AT $\quad$ = Kapazitätsangebot

au $\quad$ = Auftrag

AVO $\quad$ = Arbeitsvorgang

AZ $\quad$ = Startzeitpunkt

b $\quad$ = Betriebsmittel

c_{AT} $\quad$ = Lohnkosten je MA pro Zeiteinheit

$c_{\ddot{U}AT}$ $\quad$ = Überstundenlohnkosten je MA pro Zeiteinheit

D $\quad$ = Dauer

ε $\quad$ = Equipment

EZ $\quad$ = Endezeitpunkt

FT $\quad$ = Fixtermin / Meilenstein

k $\quad$ = Knoten von $Baum_{a,b}$

κ $\quad$ = KKS-Element

kb_{AVO} $\quad$ = Anzahl Betriebsmittel zum AVO

km_{AVO} $\quad$ = Menge des verbrauchten Materials zum AVO

kp_{AVO} $\quad$ = Personalkapazität (Anzahl Personen, als "fixe Splittung" bezeichnet)

K_{RDMK} $\quad$ = Lohnkosten bei PSP_{RDMK}

K_{RDOK} $\quad$ = Lohnkosten bei PSP_{RDOK}

m $\quad$ = Material

$maxEbene_a$ = maximale Ebene im $Baum_a$

max_kp_{AVO} = maximale Anzahl einsetzbarer Personen für diesen AVO

M_{meile} = Menge der Vorgänge, die einen Meilenstein enthalten

MV_{FT} = Menge der Vorgänge, die mittelbar zu einem Meilenstein gehören

λ_{rt} = Kapazitätsbedarf

Ω_{rt} = Kapazität pro Zeiteinheit der Kapazitätsgruppe r (entspricht

Kapazitätsangebot)

Π = bestimmte Permutation des PSP

P_r = Anzahl Mitarbeiter zur Kapazitätsgruppe r

p_r = Mitarbeiter (MA) einer Kapazitätsgruppe r

PSP-Ebene(k) = Ebene k im Projektstrukturplan

PSP_{RDMK} = (Revisionsdauer mit Ausnutzen der Kapazitätsreserve)

PSP_{RDOK} = (Revisionsdauer ohne Ausnutzen der Kapazitätsreserve)

PZ = Pufferzeit

q = Gewichtungsfaktor

R = alle Kapazitätsgruppen r

r_{AVO} = ausführende Kapazitätsgruppe des AVO's

RZ^i = geschätzte Restzeit des Istvorganges

S = Anzahl gesplitteter Vorgänge

t_{RDMK} = Projekdauer RDMK

t_{RDOK} = Projekdauer RDOK

ÜAT = zusätzliches Überstundenkapazitätsangebot

$Verzug^i$ = Zeitabweichung des geplanten Vorganges vom Istvorgang

V_{move} = Menge der verschobenen Vorgänge

VOL_{AVO} = geplantes Zeitvolumen zur Ausführung des AVO

W = Wartezeit

ZAT = Zeitabstand zwischen zwei AVO's

Verzeichnis der Abbildungen

Einleitung

Die Durchführung von Revisionen in großen Industrieanlagen wie beispielsweise in Kraftwerken gehört zu den umfangreichsten und komplexesten Maßnahmen in der Instandhaltung /BIN 90/. Die Revision beinhaltet die umfassende Demontage einer Hauptanlage eines Kraftwerkes - beispielsweise einer Turbine -, um den Verschleißzustand zu begutachten und um daraufhin notwendige Erneuerungen und Aufbereitungen zu veranlassen /VET 90, WED 91/. Damit kann zukünftigen Ausfällen bis zur nächsten Revision vorgebeugt werden. Kraftwerksverfügbarkeiten von über 90 % bestätigen die Richtigkeit dieser Strategie.

Hierzu ist es jedoch notwendig, den Revisionsturnus und -umfang festzulegen. An dieser Festlegung, ob der Turnus verlängert bzw. der vorplanbare Umfang reduziert werden kann, um damit Revisionskosten zu sparen, wird gegenwärtig intensiv gearbeitet /z.B. SAG 92, VERW 93/. Dies ist jedoch nicht die Problemstellung, die in dieser Arbeit behandelt werden soll. Vielmehr geht es hier darum, Effekte durch eine Optimierung in der Durchführung von Revisionen zu erzielen. Die Optimierung insbesondere in der Durchführung einer Revision bietet erhebliche Einsparungspotentiale, die zur Zeit noch nicht ausgeschöpft sind.

Die Notwendigkeit zur Optimierung der Revisionsdurchführung besteht jedoch unmittelbar, denn die Energieversorgungsunternehmen und insbesondere auch ihre Instandhaltungsabteilungen befinden sich unter einem zunehmendem Druck zur Kosteneinsparung und zur besseren Auslastung der Kraftwerke durch Revisionszeitverkürzung (-> Kapitel 2).

Die Durchführung der Optimierung ist ein sehr komplexes und schwieriges Vorhaben, da zu einer Revision in der Regel sehr hohe Datenmengen anfallen und damit unter einer Vielzahl von möglichen Lösungs- und damit Ablaufalternativen eine optimale herausgefunden werden muß. Ein solches Vorhaben ist bisher nur suboptimal lösbar, denn die verwendeten Planungsmethoden bieten keine Basis für eine effiziente und praxisgerechte Verfahrensweise (-> Kapitel 3 und 4).

In dieser Arbeit wird gezeigt, wie durch eine Kombination zwischen

- o der Netzplantechnik,

- o der Auftragsablauforganisation mittels Instandhaltungssystemen,

- o sowie einer neuen Rolle des Planers bei Anwendung DV-unterstützter Verfahrensweisen

eine Reduzierung der Durchführungszeit und damit die Optimierung der Durchführungskosten einer Revision erzielt werden kann (-> Kapitel 5, 6 und 7).

1. Definitionen des Untersuchungsbereiches

1.1. Das Kraftwerk als Instandhaltungsobjekt

1.1.1. Instandhaltungsobjekte undVerfügbarkeitsbedarf

Unter einem Objekt der Instandhaltung ist diejenige Betrachtungseinheit [1.1] zu verstehen, die einer bestimmten Verfügbarkeitsanforderung unterliegt. Zur Sicherstellung der geforderten Verfügbarkeit unter Berücksichtigung von

k = Verfügbarkeit
z = Zuverlässigkeit
s = Sicherheit

k	Verfügbarkeit	—	Nichtverfügbarkeit	= 1
	$\dfrac{\text{Anlage in Funktion oder Reserve}}{\text{Anlage könnte in Funktion oder Reserve sein}}$	—	$\dfrac{\text{Anlage }\textit{nicht}\text{ in Funktion od. Reserve}}{\text{Anlage könnte in Funktion oder Reserve sein}}$	= 1
z	Zuverlässigkeit	—	Unzuverlässigkeit (Ausfallkennwert)	= 1
	$\dfrac{\text{Anlage in Funktion}}{\text{Anlage sollte funktionieren}}$	—	$\dfrac{\text{Anlage }\textit{nicht}\text{ in Funktion}}{\text{Anlage sollte funktionieren}}$	= 1
s	Sicherheit	—	Unsicherheit	= 1
	$\dfrac{\text{Anlage innerhalb der geforderten Sicherheitswerte}}{\text{Anlage sollte innerhalb der geforderten Sicherheitswerte sein}}$	—	$\dfrac{\text{Anlage }\textit{nicht}\text{ innerhalb der geforderten Sicherheitswerte}}{\text{Anlage sollte innerhalb der geforderten Sicherheitswerte sein}}$	= 1

Abbildung 1.1: Kenngrößen für die Qualität technischer Anlagen und ihre gegenseitige Überdeckung /VET 90, S. 437/

Zuverlässigkeits- und Sicherheitsaspekten [1.2] müssen Instandhaltungsmaßnahmen an diesem Objekt durchgeführt werden.

1.1 Eine "Betrachtungseinheit" ist nach der /DIN 31051 Nr. 3/ definiert: "Im Sinne der Instandhaltung Gegenstand einer Betrachtung, der jeweils nach Art und Umfang ausschließlich vom Betrachter abgegrenzt wird."

1.2 Der Einfachheit halber wird im folgenden nur noch von der Verfügbarkeit gesprochen, obwohl der Sicherheits- und der Zuverlässigkeitsaspekt zum Betreiben eines Kraftwerkes ebenso bedeutend ist. Diese Vereinfachung wird unter dem Gesichtspunkt getroffen, daß ein Kraftwerk nur dann

Damit ist das Objekt als Ansprechadresse für Instandhaltungsmaßnahmen festgelegt, wobei eine Differenzierung des Objektes in logische und instandhaltungsablauftechnische Elemente - z.B. Baugruppen und Bauteile [1.3] - sinnvoll sein kann und diese hierzu explizit angesprochen und bezeichnet werden. Objekte, im folgenden auch als Equipment bezeichnet, können somit Anlagen, komplexe verkettete Maschinen - beispielsweise Transferstrassen -, einzelne Maschinen, Aggregate und deren Bauteile wie Antriebe und Steuerungen sein. Die Festlegung eines "instandzuhaltenden Objektes" als Ansprechadresse für Instandhaltungsmaßnahmen geschieht aus ablauforganisatorischen Gesichtspunkten des Instandhaltungsmanagements und dient zur Auftrags- und Kostenzuordnung.

Eine Blockkraftwerksanlage besteht aus einzelnen Kraftwerksblöcken (Dampferzeuger, Turbine, Generator) [1.4] mit gemeinsamen Perepherieanlagen, die vereinfacht betrachtet jeweils eigenständige, hochkomplexe Maschinen sind. Als Objekt der Instandhaltung ist eine Kraftwerksanlage diejenige Betrachtungseinheit, an der "Maßnahmen zur Bewahrung und Wiederherstellung des Sollzustandes sowie zur Feststellung und Beurteilung des Istzustandes ..." /DIN 31051, Nr. 1/ durchgeführt werden.

Für den Betreiber muß eine Kraftwerksanlage eine Produktions- und eine Erhaltungsfunktion erfüllen, um Strom und gegebenenfalls Fernwärme sowie weitere Nebenprodukte produzieren zu können (-> Abbildung 1.2). Die Aufgaben zur Produktionsfunktion sind nicht Gegenstand dieser Arbeit, hier geht es um die Thematik der Erhaltungsfunktion mit den Aufgaben Zustandsüberwachung [1.5], Wartung [1.6], Instandsetzung [1.7] - die Maßnahmen der Instandhaltung nach DIN 31051 - sowie Erneuerung. Erneuerungsmaßnahmen gehören in

---

verfügbar ist, wenn die notwendigen Sicherheitswerte eingehalten werden können und der Betrieb zuverlässig erfolgt.

1.3   Definition "Baugruppe" nach /DIN 40150/ bzw. "Gruppe" nach /DIN 31051/ sowie nach /VDI 2890/ : " Im Sinne der Instandhaltung ist eine Baugruppe die Zusammenfassung oder Verbindung von Elementen. Eine Baugruppe hat eine eigenständige Funktion, sie ist innerhalb einer Anlage jedoch nicht selbsständig verwendbar." Der Begriff Bauteil wird hier synonym zum Begriff "Bauelement" verwendet, ebenfalls nach /DIN 40150/ bzw. "Element" nach /DIN 31051/ sowie nach /VDI 2890/ : " Im Sinne der Instandhaltung ist ein Bauelement in Abhängigkeit von der Betrachtung die kleinste, als unteilbar aufgefaßte, technische Einheit. Auch Schmierstoffe werden als Bauelement betrachtet."

1.4   Eine Gesamtkraftwerksanlage besteht bei Blockkraftwerken aus mehreren eigenständigen Kraftwerksblöcken, die im folgenden als eigenständige Instandhaltungsobjekte behandelt werden. Es wird hier unterschieden nach den Begriffen Kraftwerksanlage, Anlage und Kraftwerk, die synonym verwendet werden, sowie nach Kraftwerksblöcken. Neben Blockkraftwerken gibt es weitere Kraftwerkstypen, beispielsweise Sammelschienenkraftwerke. Die Aussagen in dieser Arbeit sind für den Typ Blockkraftwerk verifiziert.

1.5   Die Zustandsüberwachung oder Inspektion ist nach /DIN 31051/ definiert: "Maßnahmen zur Feststellung und Beurteilung des Istzustandes von technischen Mitteln eines Systemes."

1.6   Die Wartung ist definiert nach /DIN 31051/: "Maßnahmen zur Bewahrung des Sollzustandes von technischen Mitteln eines Systemes."

1.7   Die Instandsetzung ist definiert nach /DIN 31051/: "Maßnahmen zur Wiederherstellung des Sollzustandes von technischen Mitteln eines Systemes."

dem Sinne zur Instandsetzung, daß sie zur Wiederherstellung des Sollzustandes [1.8] notwendig sind. Für eine Kraftwerksanlage ist der Sollzustand
ebenfalls charakterisiert durch die Merkmale Zuverlässigkeit [1.9] sowie Verfügbarkeit und Sicherheit.

Der Istzustand verändert sich jedoch permanent gegenüber dem Sollzustand,
da die Kraftwerksanlage sowie ihre Komponenten einer Abnutzung [1.10] unterliegen, die sich differenziert in verschleißbedingten [1.11], zeit- oder alterungs-
bedingten und nicht vorbestimmbaren Verbrauch, der zufällig auftritt. Jeder
Komponente ist ein spezifischer Nutzungsvorrat [1.12] bei seiner Konstruktion und
Herstellung mitgegeben, der durch die Nutzung des Objektes im Zeitablauf
abnimmt. Der verschleiß- sowie der zeit- oder alterungsbedingte Nutzenverbrauch ist in gewissem Maße nachweisbar und vorhersagbar, wozu definierte Meßgrößen zur Feststellung seines Voranschreitens herangezogen werden
können [1.13]. Der zufällig auftretende Nutzenverbrauch ist nicht vorhersagbar.

Der Nutzenverbrauch schreitet solange voran, bis die Verschleißgrenze erreicht
wird und die Komponente je nach Art des Verbrauches geplant oder ungeplant
ausfällt. Der Ausfall einer einzigen Komponente [1.14] des Kraftwerkblockes kann
den ganzen Block betreffen, so daß dieser abgeschaltet und vom Netz genommen werden muß. Damit entsteht sofort ein hoher Verlust an Kraftwerks-
kapazität, der nur durch Zukaufen fremden Stromes zu sehr hohen Kosten oder
durch Zuschalten eines eigenen Blockes oder Kraftwerkes ausgeglichen werden kann. Der weitere Block oder gar ein weiteres Kraftwerk müssen jedoch
vorgehalten werden. All diese Maßnahmen zum Ausgleichen eines Ausfalles
kosten sehr viel Geld, insbesondere wenn der Ausfall ungeplant auftritt. Der
Verfügbarkeitsbedarf ist in der vorgesehenen Betriebszeit nahe 100 %.

1.8   Der Sollzustand bedeutet nach /DIN 31051 Nr. 8/: "Die für den jeweiligen Fall festzulegende
Gesamtheit der Merkmalswerte."

1.9   " Der übergeordnete Begriff jedes Kraftwerksbetriebes ist die Zuverlässigkeit" /VET 90, S. 437/

1.10   Die Abnutzung ist in der /DIN 31051/ definiert: " Im Sinne der Instandhaltung Abbau des
Abnutzungsvorrates (.....) infolge physikalischer und / oder chemischer Einwirkungen. "

1.11   Der Verschleiß ist in der /DIN 50320/ definiert: " Verschleiß ist der fortschreitende Materialverlust
aus der Oberfläche eines festen Körpers, hervorgerufen durch mechanische Ursachen, d.h.
Kontakt- und Relativbewegung eines festen, flüssigen oder gasförmigen Gegenkörpers. "

1.12   Der Nutzungsvorrat ist in der /DIN 31051/ definiert: " Im Sinne der Instandhaltung Vorrat, der bei
der Nutzung - bis zum vollständigen Abbau des Abnutzungsvorrates einer Betrachtungseinheit -
unter festgelegten Bedingungen erzielbaren Sach- und / oder Dienstleistungen. "

1.13   Die Grundlage hierfür ist die Abnahme des Abnutzungsvorrates, wie er in der /DIN 31051, S. 7/
graphisch dargestellt ist. Die Problematik liegt in der Bewertung der Abnutzung, der richtigen
Festlegung von Inspektionsterminen zur Istzustandsbewertung sowie der geeigneten Festlegung
der Schadensgrenze. Dabei spielt weniger die technische Machbarkeit als vielmehr die wirtschaftliche Durchführbarkeit der Inspektionen und Bewertungen die entscheidende Rolle. Die zustandsbezogene oder -orientierte Instandhaltung, wie sie beispielsweise in /STU 93/ beschrieben ist,
basiert auf diesem Zusammenhang.

1.14   Der Begriff Komponente soll sowohl eine Baugruppe wie auch ein Bauteil bezeichnen und wird
synonym zum Begriff Anlagenelement sowie Kraftwerkskomponente verwandt. Eine Komponente
ist ein Teil eines diese Komponente umfassenden Objektes.

Dies führt dazu, daß Elemente von Kraftwerksblöcken in regelmäßigen Abständen von einigen Jahren vollständig auseinandergebaut und überholt werden, um einen Ausfall während der vorgesehenen Betriebszeit des Kraftwerkes möglichst zu vermeiden und den Verfügbarkeitsbedarf zu decken. Für das Instandhaltungswesen bedeutet dies, eine "Großmaßnahme" - eine Großinstandsetzung oder Revision - für einen begrenzten Zeitraum von einigen Wochen mit vielen Unwägbarkeiten durchzuführen. Dazu wird der Kraftwerksblock geplant vom Netz genommen - in der Stromabnahmesenke (ca. KW 23 - 37) - und für den Produktionsausfall wird ein anderer Block eingesetzt bzw. es wird Strom zugekauft.

Der Verfügbarkeitsbedarf hängt im wesentlichen von der Stromnachfrage ab, die relativ gut vorausplanbar ist. Darüber lassen sich die Revisionszeiten langfristig vorplanen, die sinnvollerweise im Sommer liegen, wenn die Stromnachfrage geringer ist. Im Rahmen dieser Arbeit kann somit von einem konstanten Zeitraum für die Revisionsdurchführung sowie von einer Vorplanungszeit von mindestens einem halben Jahr ausgegangen werden.

Es ist jedoch zu berücksichtigen, daß sich die Einsatzbedingungen für Kraftwerke im Zuge der Öffnung des europäischen Marktes seit dem 1.1.1993 geändert haben und weiter ändern werden [1.15]. Durch neue Strukturen im Strommarkt wird die Planbarkeit der Stromnachfrage durch bisher langfristig festgelegte Strompreise einer kurzfristigeren Bedarfsdeckung weichen, da die langfristigen Verträge zunehmend den Marktbedingungen unterworfen werden. Dies bedeutet aber für den Betrieb eines Kraftwerkes, das sich der Planungsgrad der Stromnachfrage und damit die Planbarkeit des Verfügbarkeitsbedarfes mittelfristig verändern wird.

Zudem ist ein Trend zu längeren Kraftwerkseinsatzzeiten und zu kürzeren Revisionsstillstandzeiten festzustellen. Die Maßnahmen einer Revision bestehen nur zu ca. 60 - 70 % aus werterhöhenden Instandhaltungsmaßnahmen, der Rest sind vorbereitende Maßnahmen wie beispielsweise "Anlage ab- und anfahren", Gerüstbau-, Isolier- und Prüfmaßnahmen /GIR 93/. Somit läßt sich der Gesamtnutzungsgrad über die Lebensdauer eines Kraftwerkes erhöhen, indem es weniger häufig stillgesetzt wird und somit weniger vorbereitende, nicht wertschöpfende Zeiten anfallen.

1.1.2. Strukturierung und Klassifizierung

Eine Kraftwerksanlage teilt sich als Ganzes in der Regel in mehrere eigenständige Kraftwerksblöcke wobei mehrere Kraftwerksblöcke sich meistens die Pereperieanlagen - Komponenten der Gesamtkraftwerksanlage, wie die Rauchgasentschwefelung, Frischwasserzufuhr, etc. - teilen.

1.15   Siehe hierzu beispielsweise /KAU1 92, S. 401/ sowie /STU 94, S. 522/.

1. Definitionen des Untersuchungsbereiches

In dieser Arbeit wird jeweils von eigenständigen Objekten, d.h. von Kraftwerksblöcken oder Anlagenkomponenten ausgegangen mit jeweils sehr ausgepräg-
ter Strukturierung in Baugruppen und Bauteilen. Damit liegen Verkettungen der
Objekte mit anderen Objekten vor. Für den Produktionsprozess bedeutet dies,
daß der ungeplante oder störungsbedingte Ausfall eines Objektes gegebenenfalls den Ausfall anderer Objekte nach sich zieht und die Ermittlung der
Verfügbarkeitsausfallkosten sich nicht nur auf das ausgefallene sondern auch
auf das verkettete Objekt auswirkt, da dies wegen der Verkettung ebenfalls vom
Ausfall betroffen ist.

Jedes der Objekte untergliedert sich in Baugruppen und Bauteile, wozu eine
eindeutige Strukturierungsvorschrift notwendig ist. Ursprünglich wurde das
Anlagen-Kennzeichnungs-System (AKS) [1.16], auch als AKZ [1.17] bezeichnet,
eingesetzt. Gestiegene Blockgrößen, höhere Automatisierungsgrade und Wei-
terentwicklungen in der Kraftwerkstechnik sowie die Anforderungen seitens der
Betreiber, EDV bis hin zu kompletten Betriebsführungssystemen einzusetzen,
erforderten eine einheitliche, ganzheitliche Anlagenkennzeichnung. Das Ergebnis des dafür schon 1970 gegründeten Arbeitskreises aus Planern, Betreibern,
Gutachtern und Behörden ist das Kraftwerkkennzeichnungssystem KKS [1.18].
Das "Kraftwerk-Kennzeichen-System bietet die bisher umfassendste und ziel-
strebigste Systematik der Kodierung von verfahrenstechnischen und elektrischen Großanlagen für den gemeinsamen Gebrauch bei Planern, Herstellern
und Betreibern" /AND 77, S. 6/ [1.19]. Mit der Verschlüsselung der Anlagen werden
die Voraussetzungen für eine rechnergestützte Durchführung unterschiedlicher
Aufgaben [1.20], die zum Betrieb einer Anlage gehören, geschaffen [1.21].

1.16 Das AKS wurde 1969 veröffentlicht und eingeführt /AND 77, S.4/.

1.17 Siehe hierzu beispielweise /SOR 90, S. 854/

1.18 Zum KKS-System siehe /ABB 91/. Das KKS-System ist nur eines der heute üblichen Gliederungs-
systeme von Kraftwerksanlagen. Das KKS "wurde 1978 durch den VGB-Verlag in Form des KKS-
Stammbuches (1.Ausgabe)
- KKS-Richtlinien zur Anwendung
- KKS-Schlüssel
veröffentlicht und ist seither Basis für die Kennzeichnung von Anlagen und Anlagenteilen in
Kraftwerksanlagen. Das KKS wird seitdem vom VGB-Fachausschuß "Technische Ordnungssyste-
me" weiterentwickelt. ... Das KKS berücksichtigt die tangierenden Normen wie IEC, ISO, etc. und
ist in seinen Grundzügen in DIN 40179 Teil 2 festgeschrieben." /ABB 91, S. 2/ "Das Kraftwerk-
Kennzeichensystem ... hat sich in den letzten 10 Jahren als technisch-organisatorisches
Kennzeichensystem in Kraftwerksanlagen durchgesetzt. ... Sowohl Techniker als auch Kaufleute
schätzen am KKS die Eindeutigkeit der Klassifizierung mit logischen Grenzen." /PAN 91, S. 1017/

1.19 Die Notwendigkeit der Anlagenstrukturierung und der eindeutigen Verschlüsselung besteht heute
in vielen Bereichen der Industrie /SCHM 93/, die im Kraftwerksbereich durch das KKS erzielte
Lösung war somit ein erster, wichtiger Schritt.

1.20 Solche Aufgaben sind beispielsweise: Anlagenerfassung, -gruppierung und -verwaltung; Dokumentation von Zeichnungen, Betriebsanleitungen; Terminierung von Revisionsarbeiten; Erstellung
von Arbeitsplänen für ganze Anlagegruppen; rechnerunterstützte Auftragsabwicklung; Kostener-
fassung und die gezielte Kostensenkung; Schadensanalyse; Schadensdokumentation.

1.21 Ein Beispiel der Verschlüsselung findet sich in /SOR 90/, wo auch auf die Problematik der
Vereinheitlichung von AKZ und KKS Verschlüsselungen eingegangen wird. Das gleiche Thema

1. Definitionen des Untersuchungsbereiches

Das KKS-System gliedert eine Kraftwerksanlage in

☐ eine Gesamtanlage, beispielsweise einen Block,

☐ eine Funktion, beispielsweise ein System (konventionelle Wärmeerzeugung)

☐ ein Aggregat, beispielsweise ein Pumpenaggregat,

☐ sowie in Betriebsmittel, beispielsweise eine Pumpe.

Die Art und Qualität der Erfassung der Anlagenstruktur spielt für die Beschreibung eines Kraftwerkes und für die Aufgaben, die mit DV-unterstützung abgewickelt werden sollen, eine wesentliche Rolle. Jedes einzelne Element einer Anlage muß eindeutig ansprechbar sein, d.h. zur DV-mäßigen Verwaltung der Anlagenkomponenten eines Kraftwerkes sind die Komponenten eindeutig zu identifizieren. Gleiche oder ähnliche Anlagenelemente werden zu Klassen zusammengefaßt und einer Klassifizierungsnummer zugeordnet.

Damit ergeben sich für eine Kraftwerkskomponente drei Richtungen zur Beschreibung der Komponente:

☐ zur Identifizierung eine eindeutige Identifizierungsnummer,

Sie darf nur einmal auftreten und ist "ungebunden", d.h. aus ihr sollen keine weiteren Schlüsse gezogen werden, sie ist somit völlig frei wählbar.

☐ zur Strukturierung eine Strukturnummer, die die Abhängigkeiten innerhalb der Anlage repräsentiert,

Über die Strukturnummer ist erkennbar, beispielsweise zu welcher Baugruppe eine Anlagenkomponente gehört.

☐ zur Klassifizierung eine Klassifizierungsnummer, die gleiche oder ähnliche Komponenten zusammenfaßt.

Die Klassifizierung verbindet somit Elemente, die an völlig verschiedenen Einbauorten innerhalb eines Kraftwerkes auftreten können und technisch gleich oder ähnlich sind.

---

wird von /SCHN 93/ aufgegriffen. Zur Zusammenfassung von AKZ und KKS wird ein neues System KZS entwickelt, das Bestandteil eines DIN-Entwurfes zur Grundlage für die europäische Normung aller Industrieanlagen ist.

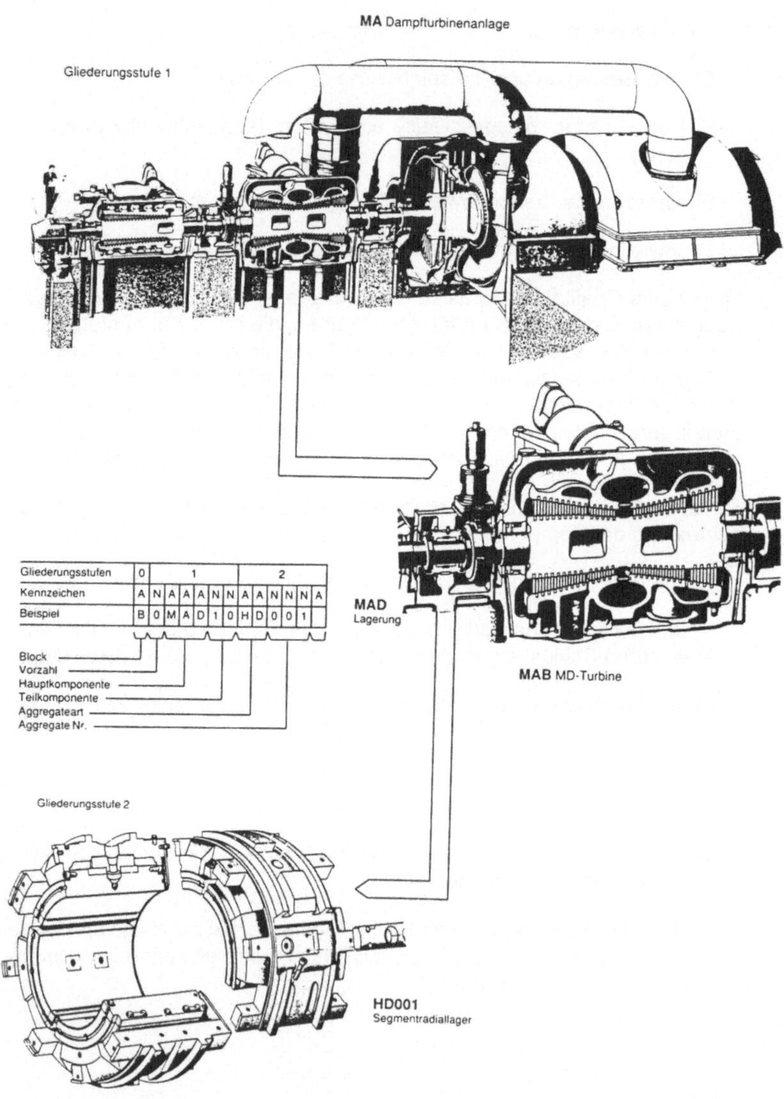

Gliederungsstufen	0	1			2				
Kennzeichen	A	N	A A A	N N	A	A N N	N A		
Beispiel	B	0	M A D	1 0	H	D 0 0	1		

Block
Vorzahl
Hauptkomponente
Teilkomponente
Aggregateart
Aggregate Nr.

Abbildung 1.2: Beispiel für eine KKS Anwendung /ABB 91, S.9/

1.2. Die Revision als eine Instandhaltungsmaßnahme

1.2.1. Instandhaltungsmaßnahmen

Dem Begriff Instandhaltung werden verschiedene Instandhaltungsmaßnahmen[1.22] zugeordnet, wobei im angloamerikanischen im Gegensatz zum deutschsprachigen Raum eine etwas andere Einteilung dieser Begriffe gewählt wird, wie die -> Abbildung 1.3 zeigt.

Die Maßnahmen zur Instandhaltung sind folgendermaßen voneinander abzugrenzen:

Zyklische Maßnahmen [periodic maintenance] werden auch als wiederkehrende Maßnahmen bezeichnet. Hierzu zählen alle nach einem bestimmten Zyklus wiederkehrende gleiche Maßnahmen, wie beispielweise Inspektionen und Wartungen.

Zustandsabhängige Maßnahmen [condition based maintenance] werden nach Erreichen eines definierten Zustandes ausgelöst (-> Kapitel 1.1.1.). Sie sind mit den zyklischen Maßnahmen gleichzusetzen, wobei mit "Zustand" das Erreichen eines technischen Grenzwertes oder das Ablaufen eines Zeitabschnittes gemeint ist.

Geplante Maßnahmen [planned maintenance] sind alle Maßnahmen, die erst nach einer Vorplanungsphase [1.23] durchgeführt werden. Zu den geplanten Maßnahmen gehören auch die zyklischen Maßnahmen, sowie die Maßnahmen innerhalb einer Revision soweit sie vorgeplant sind.

Ungeplante Maßnahmen, auch Störungen, "Feuerwehr"maßnahmen oder ad-hoc-Maßnahmen genannt, sind im Gegensatz zu den geplanten Maßnahmen diejenigen, die sofort nach Auftreten des Störfalles durchgeführt werden.

Vorbeugende Maßnahmen [preventive maintenance] sind alle Maßnahmen, die einen Anlagenausfall verhindern helfen und somit vorbeugenden Charakter haben. Dazu gehören zyklische Maßnahmen, aber auch geplante, einmalig durchgeführte Maßnahmen.

1.22 Im Rahmen dieser Arbeit werden die Begriffe "Instandhaltungsmaßnahme" oder "Maßnahme", "Aktivität", "Arbeit", "Tätigkeit" und insbesondere der Begriff "Vorgang" synonym behandelt.

1.23 Zur Vorplanungsphase gehören beispielsweise die Beschreibung der Arbeit, die Abschätzung des Zeitbedarfes und die Bereitstellung der notwendigen Materialien.

1. Definitionen des Untersuchungsbereiches

Predictive maintenance ist eine weitere im angloamerikanischen Sprachraum übliche Unterscheidung, die man im Deutschen nicht findet. Hierunter werden zukünftig notwendige Maßnahmen verstanden. Sie fallen in den obigen Definitionen unter die zyklischen Maßnahmen.

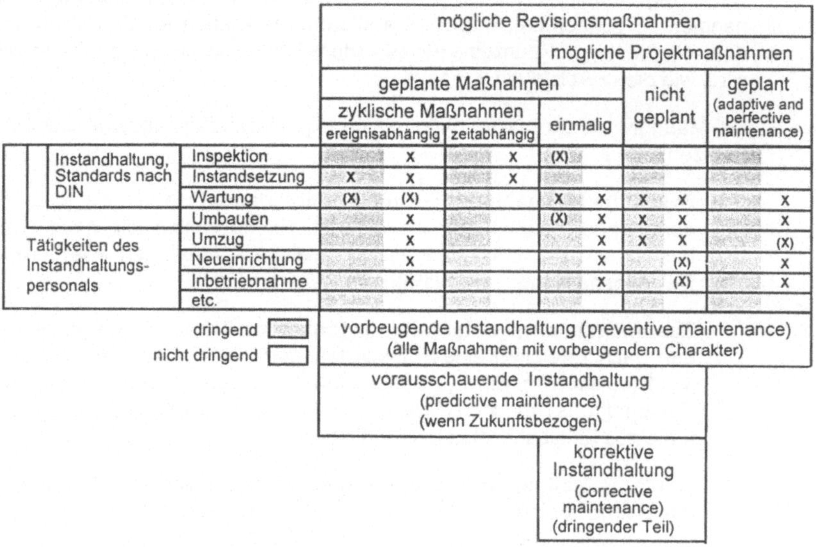

		mögliche Revisionsmaßnahmen					
						mögliche Projektmaßnahmen	
		geplante Maßnahmen			nicht geplant	geplant (adaptive and perfective maintenance)	
		zyklische Maßnahmen		einmalig			
		ereignisabhängig	zeitabhängig				
Instandhaltung, Standards nach DIN	Inspektion	X	X	(X)			
	Instandsetzung	X X	X				
	Wartung	(X) (X)		X X	X X	X	
	Umbauten	X		(X) X	X X	X	
Tätigkeiten des Instandhaltungspersonals	Umzug	X		X	X X	(X)	
	Neueinrichtung	X		X	(X)	X	
	Inbetriebnahme	X		X	(X)	X	
	etc.						

dringend �■ nicht dringend □

vorbeugende Instandhaltung (preventive maintenance)
(alle Maßnahmen mit vorbeugendem Charakter)

vorausschauende Instandhaltung
(predictive maintenance)
(wenn Zukunftsbezogen)

korrektive Instandhaltung
(corrective maintenance)
(dringender Teil)

Abbildung 1.3:   Instandhaltungsmaßnahmen, Abgrenzung der Begriffe und Inhalte

Bei /JAC 92, S. 9/ finden sich noch folgende weitere Maßnahmearten:

"- **"corrective maintenance"**, bei der es sich um die eigentliche Notfallwartung handelt, ...

- **"adaptive maintenance"**, d.h. Anpassung des Anwendungssystems an eine veränderte Umwelt wie beispielsweise Betriebssystemänderungen, ...

- **"perfective maintenance"**, d.h. eine Erweiterung des Funktionsumfanges und eine Verbesserung der Leistung."

1. Definitionen des Untersuchungsbereiches

Ein **Projekt** hat einen abgrenzbaren Anfang, ein abgrenzbares Ende und einen 1-maligen Charakter [1.24]. Zu den Projekten gehören beispielsweise die Installation von größeren Anlagen oder Umbauten im Kraftwerk. Problematisch ist hier die Abgrenzung zum Begriff Instandhaltung, da diese **Maßnahmen zum Projekt** im definierten Sinne nicht unter den Begriff Instandhaltung fallen. In der Praxis einer Instandhaltungsabteilung gehören sie jedoch häufig ebenfalls dazu, da solche Maßnahmen in vielen Fällen ebenfalls von ihr durchzuführen sind.

Eine **Revision** ist eine Großinstandhaltungsmaßnahme [1.25], mit in der Regel einer Vielzahl geplanter Aktivitäten - den **Maßnahmen zur Revision** - mit vorbeugendem Charakter, die voneinander abhängig in einem bestimmten Zeitraum durchzuführen sind. Zu einer Maßnahme im Rahmen einer Revision gehört das Zerlegen einer Maschine oder Anlage, das Überholen, Aufarbeiten oder Austauschen von Elementen dieser Maschine oder Anlage, sowie das anschließende Zusammenbauen. Ungeplante Maßnahmen können während einer Revision auftreten, indem beispielsweise beim Öffnen eines Maschinenelementes ein größerer Verschleiß wie erwartet und vorgeplant aufgetreten ist und hierfür eine zusätzliche Arbeit sofort durchzuführen ist. Revisionen werden bisher wie Projekte geführt, obwohl sie regelmäßig auftreten und damit keinen 1-maligen Charakter haben [1.26].

Die Durchführung einer einzelnen Maßnahme zur Revision besteht aus mehreren Teilaktivitäten [1.27]:

Disposition der Teilaktivität, Wege zurücklegen, Fehlersuche, Materialbeschaffung und Ausführung [1.28],

---

1.24 Nach DIN 69901 ist ein Projekt "ein Vorhaben, das im wesentlichen durch die Einmaligkeit der Bedingungen in ihrer Gesamtheit gekennzeichnet ist, z.B.

- Zielvorgabe / zeitliche, finanzielle, personelle und andere Begrenzungen
- Abgrenzung gegenüber anderen Vorhaben / projektspezifische Organisation".

1.25 In /MÄN 88, S. 221/ findet sich unter dem Stichwort Revisionsarbeiten: " Hier sind gemeint die nach längeren Zeitabständen anfallenden Arbeiten von Großinstandsetzungen (Großstillstände), z.B. in Raffinerien, chemischen und petrochemischen Anlagen, in Kraftwerken (Turbinen-/Kesselrevisionen) sowie in Hüttenwerken (Großrevisionen im Bereich von Hochöfen)."

1.26 Zur Diskussion, inwieweit Revisionen als Projekte aufgefaßt werden können siehe -> Kapitel 3.2.1.

1.27 In /SUM 92, S. 55/ wird eine etwas andere Einteilung der Teilaktivitäten gewählt: direct work time, instruction time, personal time, tools and materials time, travel time sowie wait time. Personal, travel und wait time gehören zu den nicht produktiven Teilaktivitäten, die übrigen werden zu produktiven Teilaktivitäten zusammengefaßt. Dabei stellt /SUM 92/ fest, daß über 50 % des Zeitbedarfes bei der Durchführung von Instandhaltungsaufgaben in Kraftwerken für nicht produktive Tätigkeiten benötigt wird.

1.28 Durch Disposition und Vorplanung wird geklärt, welches Gewerk oder welche Fremdfirma, welcher Werker - welche Ressourcen - zu welchem Zeitpunkt an welchem Objekt / Bauteil eine Maßnahme durchführen.

Wegezeiten sind notwendig, um die örtliche Trennung zwischen Ressourcen und Objekten zu überwinden. Sie treten jeweils in Verbindung mit anderen Teilaktivitäten auf und müssen mehrmals berücksichtigt werden.

Die Ersatzteilbeschaffung kann parallel zu den übrigen Teilaktivitäten bis zum Beginn der

mit jeweils unterschiedlichem zeitlichen Anteil, wobei zur Durchführung einer Aktivität einzelne Teilaktivitäten mehrmals vorkommen können. Zusätzliche Wegezeiten beispielsweise treten durch mehrmalige Materialbeschaffung öfter auf oder entfallen, wenn nur geplante Materialien notwendig sind.

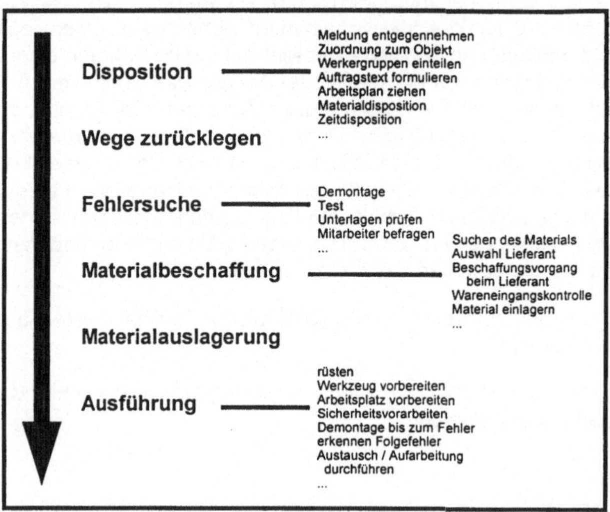

Abbildung 1.4: Teilaktivitäten einer einzelnen Maßnahme zur Revision

1.2.2. Ressourcen zur Revisionsdurchführung

Zur Durchführung einer Revision ist die Kapazität der eigenen Instandhaltungs-werker und / oder einer Fremdfirma notwendig. Die Ausführenden müssen über das zur Durchführung notwendige Wissen verfügen und benötigen einen geeig-

eigentlichen Instandsetzung erfolgen, soweit die notwendigen Informationen bekannt sind. Sind sie nicht bekannt und ist dazu eine Fehlerlokalisierung notwendig, ist der Bedarf an Ersatzteilen nach Art und Menge erst danach bestimmbar.

Die Ausführung besteht aus den zur Instandsetzung, Inspektion und Wartung notwendigen Arbeiten.

neten Arbeitsplatz entweder vor Ort oder in einem separaten Instandhaltungs-bereich. Sie benötigen darüberhinaus geeignetes Werkzeug und unter Umstän-den spezielle Unterlagen wie Zeichnungen und Stücklisten. In der Regel sind Verbrauchsmaterialien, Verschleißteile, spezielle Ersatzteile sowie Sonder-werkzeuge und Hilfseinrichtungen notwendig.

Somit sind zu einer Revision folgende Ressourcen zu berücksichtigen:

☐ Personal

- ◆ die geschulten Instandhaltungswerker mit allgemeinen sowie spezi-ellen Kenntnissen und Fertigkeiten der Instandhaltung

- ◆ die Werker aus der Produktion, die während der Revision zur Unter-stützung der Instandhaltung eingesetzt werden können, da der Kraftwerksblock außer Betrieb ist und keine Produktionsaufgaben anfallen

- ◆ Fremdfirmen mit speziellem know-how für Spezialaufgaben sowie für geringqualifizierte Arbeiten, wie beispielsweise Reinigungsarbeiten, Gerüstbauarbeiten und als zusätzliche Kapazität zum Ausgleich von Kapazitätsspitzen

Die Personalkapazität setzt sich aus Einzelkapazitäten - dies sind Werker mit definierter Qualifikation [1.29] - zusammen. Werker mit gleichem Qualifikationsprofil gehören einer Kapazitätsgruppe (Instandhaltungs-, Arbeitsgruppe, Gewerk) an, was bedeutet, daß sie innerhalb der Kapazitäts-gruppe beliebig ausgetauscht werden können. Eine Kapazitätsgruppe stellt ein Kapazitätsangebot mit bestimmter Qualifikation bereit, mit der von ihr Maßnahmen zur Revision mit übereinstimmender Qualifikationsan-forderung abgewickelt werden können. Zu einer Revision können mehrere Kapazitätsgruppen mit gleicher Qualifikation eingesetzt werden. Fremd-firmen sind bei der Revisionsdurchführung im Prinzip wie eigene Kapazitäts-gruppen zu behandeln, jedoch ist eine Einweisung und gegebenenfalls Aufsicht durch eigene Mitarbeiter zu berücksichtigen.

☐ Material

- ◆ anlagenspezifische Ersatzteile, Normteile und Verbrauchs- und Verschleißmaterialien.

Eine Maßnahme zur Revision kann nur begonnen werden, wenn die notwendigen Ersatzteile verfügbar sind. Bei nicht verfügbaren Ersatzteilen muß der Startzeitpunkt der Aktivität um die geplante Lieferzeit des Ersatz-

---

1.29   Eine Qualifikationsmatrix nach Berufsbild, Fachrichtung und qualitativen Anforderungen findet sich in /VDI 2894, S. 5/

teiles verschoben werden, wenn nicht Alternativersatzteile zur Verfügung stehen. Bei Ersatzteilen mit sehr langer Lieferzeit - beispielsweise hochwertige, warmfeste Stähle - kann es sogar sinnvoll sein, die Planung der zugehörigen Aufträge vorzuverlegen.

☐ Betriebsmittel

- ♦ Werkzeuge für die Werker zur Durchführung der Arbeiten (Standard- und Spezialwerkzeuge, z.B. zum maßgerechten Trennen einer Hochdruckleitung)

- ♦ allgemeine Arbeitsplätze in einer Instandhaltungswerkstatt

- ♦ spezielle Arbeitsplätze (mit Spezialmaschinen oder Hebewerkzeugen)

- ♦ vor Ort Arbeitsplätze direkt an den Anlagen und Maschinen

- ♦ spezielle Unterlagen zu den Objekten wie z.B. Zeichnungen, Stücklisten, Wartungspläne, Arbeitspläne, Herstellervorschriften und evtl. Anlagenlebensläufe.

Von der Logik her können Betriebsmittel wie Ersatzteile behandelt werden, sie sind lediglich eine weitere Restriktion bei der Planung der Revision. Es ist ebenfalls zu berücksichtigen, ob die notwendigen Betriebsmittel verfügbar sind, bzw. wenn nicht, ab wann sie verfügbar werden.

1.2.3. Der organisatorische Inhalt der Maßnahmen zur Revision

Als Maßnahme zur Revision wird eine Arbeitseinheit betrachtet, die einen definierten Aufgabenumfang mit notwendigem Kapazitätsvolumen und einer zugeordneten Kapazitätsgruppe mit gegebener Qualifikationsanforderung besitzt. Eine Differenzierung in Teilaktivitäten ist möglich, wenn sie den angegebenen Anforderungen entspricht, d.h. einen eigenständigen (Teil-)aufgabenumfang mit Kapazitätsbedarf und der durchführenden Kapazitätsgruppe beschreibt.

Zur Abwicklung einer Maßnahme zur Revision dient als organisatorischer Rahmen der Auftrag. Damit ist jede Maßnahme einzeln ansprechbar, es können ihr individuell Informationen zugeordnet werden, die zu einem späteren Zeitpunkt in einer Auftragshistorie abrufbar sind. Die Koordination der einzelnen Aufträge untereinander ist die Aufgabe der Ablauforganisation im Rahmen der Revision. Die Auftragsabwicklung beinhaltet die Koordination und Dokumentation des Auftragsbeginns, die Durchführung und den Abschluß aller Instandhaltungsaktivitäten (= Aufträge) unter Einhaltung eines vorgegebenen Budgets.

Notwendig hierfür sind Informationen - Auftragsstammdaten - über

□ die Objekte, an denen Instandhaltungsaktivitäten durchgeführt werden

□ die verfahrenstechnischen und physischen Einbauorte

□ die Aufzählung der Instandhaltungsmaßnahmen mit ablauftechnischer Festlegung der logischen Reihenfolge

□ die Personen, die die Aktivität durchführen

□ den vorraussichtlichen Zeitbedarf (Stundenvolumen) der Aktivität zur Bestimmung des Kapazitätsbedarfes und der anfallenden Kosten

□ die "fixe Splittung", d.h. die Anzahl eingesetzter Personen; das Verhältnis aus Stundenvolumen und fixer Splittung ergibt die Dauer der Aktivität (ohne Unterbrechungen)

□ die Hilfsmittel wie Arbeitsbeschreibungen / Arbeitspläne, Ersatzteile, Spezialwerkzeuge

□ Verrechnungsgrößen wie Stundensätze, Materialstückkosten etc.

Der Auftrag kann in mehrere Arbeitsgänge / Arbeitsvorgänge (AVO) gegliedert sein, die jeweils einen eigenständigen Arbeitsumfang beinhalten. An einem Auftrag können mehrere mit der Instandhaltung beauftragte Werker unterschiedlicher Qualifikation - Gewerke oder Fremdfirmen - beteiligt sein. Die Beteiligung mehrerer Gewerke oder Fremdfirmen an einem Auftrag erfolgt über die Zuordnung mehrerer AVO´s zum Auftrag, d.h. für jedes Gewerk, das an dem Auftrag beteiligt ist, wird mindestens ein eigenständiger AVO gebildet. Der Auftrag dient der Kostenzusammenfassung als geschlossene organisatorische Einheit, während dem AVO genau eine Tätigkeit mit einem Qualifikationsprofil und einer Kapazität zugeordnet ist. Die Auftragsposition - auch als Unterauftrag bezeichnet - ist eine Zusammenfassung mehrerer AVO´s und dient der übersichtlicheren Gliederung eines Auftrages [1.30]. Materialien und Betriebsmittel werden den AVO´s zugeordnet.

1.2.4. Strategien zur Revisionsdurchführung

Im wesentlichen bestimmt die Kombination aus drei Strategien die Auslösung und den Umfang einer Revision [1.31], -> Abbildung 1.5:

1.30   In der Literatur finden sich durch unterschiedliche Gliederungen verschiedene Einteilungen eines Auftrages: beispielsweise /SIH1 92, S. 70/ Auftrag - Unterauftrag, /SAP 90/ Auftrag - Position - AVO.

1.31   Diese Einteilung findet sich insbesondere im deutschsprachigen Raum bei vielen Autoren, beispielsweise /KAU1 92, KAU2 92, RON 92, STU 93, STU 94/.

1. Definitionen des Untersuchungsbereiches

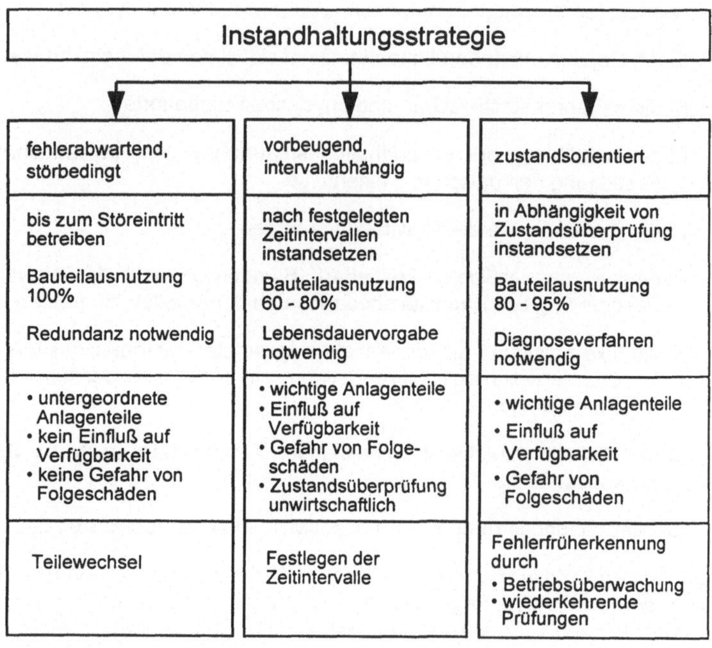

Abbildung 1.5: Instandhaltungsstrategien /KAU1 92, S. 404/

☐ zustandsorientierte Strategie [1.32]

☐ vorbeugende, intervallabhängige Strategie [1.33]

1.32 Durch regelmäßige Inspektionen wird der Zustand einer Anlage (Zustandsdiagnose) nach festgelegten Kriterien überprüft, d.h. ist der Grenzwert erreicht, so wird durch eine vorplanbare Maßnahme das verbrauchte Anlagenelement ausgetauscht oder aufbereitet, so daß sich anschließend die Anlage wieder in ihrem Ausgangszustand befindet (Herstellung von neuem Abnutzungsvorrat). Damit wird der Nutzenverbrauch permanent bis zur Erreichung des Grenzwertes (der Nutzenvorrat ist verbraucht) überprüft. Die Unsicherheit zufällig auftretender Störungen ist damit beherrschbar.

1.33 Zustandsunabhängige, regelmäßige vorbeugende Maßnahmen (hierunter fallen Wartungsmaßnahmen) werden meist auf Basis eines Zeit- oder Betriebstundenzyklus durchgeführt, ohne daß eine vorherige Inspektion erfolgt. Damit werden diese Maßnahmen ohne direkten Bezug zum Nutzenverbrauch durchgeführt. Dieser wird durch den Zeitzyklus simuliert, ohne die Nähe zum

1. Definitionen des Untersuchungsbereiches

☐ fehlerabwartende, störbedingte Strategie [1.34]

Die Festlegung der richtigen Strategie und damit einhergehend die Fragen nach der Richtigkeit des Zyklus und des richtigen Inhaltes der gewählten Strategie birgt eine erhebliche Brisanz [1.35]. Aus der Vergangenheit heraus zeichnet sich ein Trend von einer rein störungsbedingten Instandhaltung (Break-Down Maintenance) über die intervallabhängige (Inspection and Repair, Time-Based Maintenace) zu einer zustandsorientierten Instandhaltung (Condition-Based Maintenance) ab, -> Abbildung 1.6.

Die zustandsorientierte Instandhaltung ist sicherlich die effektivste Form einer Instandhaltungsstrategie: eine Maßnahme wird so kurz wie möglich vor dem Zeitpunkt durchgeführt, an dem eine Anlage oder ein Anlagenelement ausfällt. Dazu ist jedoch die genaue Kenntnis des Anlagenzustandes erforderlich, dessen qualifizierte Erfassung insbesondere wegen des Nachrüstaufwandes von Altanlagen nur für bestimmte Anlagen und Anlagenelemente durchgeführt wird. Voraussetzungen wie beispielsweise "prüf- und wartungsfreundliche Konstruktionen" oder die "Ausrüstung der Anlagen mit Überwachungseinrichtungen"

---

tatsächlichen Verbrauch einschätzen zu können. Für diese Vorgehensweise sprechen wirtschaftliche Gründe, viele vorbeugende Maßnahmen sind so preiswert, daß eine Prüfung ihrer Notwendigkeit durch eine Inspektion zu aufwendig wäre.

1.34 Bei dieser Strategie wird vorweg keine Maßnahme ergriffen, der Ausfall wird abgewartet. Bei geringwertigen Anlagenteilen und für den Produktionsprozeß unbedeutenden Komponenten ist diese Strategie sinnvoll. Bei hochwertigen und für den Produktionsprozeß bedeutenden Komponenten kann einer Störung durch Verdopplung dieser Komponente vorgebeugt werden. Durch diese Redundanz wird somit bei einem Ausfall der Anlagenkomponente der Ausfall der ganzen Anlage verhindert, indem kurzfristig die Komponente durch ihre Ersatzkomponente ausgetauscht wird. Die Verfügbarkeit kann problemlos aufrecht erhalten werden, eventuell auftretende Sicherheitsprobleme können vermieden werden.

Die Strategie der Redundanz wird beispielsweise bei Rohrleitungssystemen durch By-Pass-Schaltung einer zweiten Leitung angewendet. Die ausgefallene Komponente ist unverzüglich aus dem aktuellen Betriebsgeschehen auskoppelbar. Sie kann in einer planbaren Maßnahme instandgesetzt oder erneuert werden, ohne daß es zu Verfügbarkeitsproblemen kommt.

1.35 " Zur Gewährleistung der Anlagensicherheit und Zuverlässigkeit steigt der Aufwand für Prüfungen, und das Konzept der Instandhaltung ist neu zu überdenken. Deshalb gewinnt die Zustandsbewertung mehr und mehr an Beachtung. Weltweit ist man darauf orientiert, von festen Instandhaltungszyklen und festem Instandhaltungsumfang überzugehen auf größere Flexibilität. ... Es gibt zwei Varianten für das Konzept der zustandsbezogenen Instandhaltung:

- Während des Reparaturstillstandes werden die Möglichkeiten und Grenzen für die Zustandsbewertung genutzt. Bei dieser Variante muß ein hoher operativer Anteil beim Instandsetzungsgeschehen einkalkuliert werden. Kurzfristig aus den Diagnosen erforderliche Maßnahmen verursachen höhere Kosten; die Stillstandszeit wird sich unter Umständen verlängern.

- Es wird rechtzeitig vor dem geplanten Instandsetzungsstillstand ein zusätzlicher Stillstand für die Befundaufnahmen angeordnet. Dadurch gelänge es zwar, die Reparaturdispositionen in materieller und technischer Hinsicht zu verbessern, aber die notwendigen Vorleistungen in einem zusätzlichen Stillstand sind für das Vorhaben einer zustandsbezogenen Instandhaltung insgesamt natürlich mit zu kalkulieren. " /KOL 91, S. 598/

/KOL 91/ beschreibt, daß man sich in dem Kraftwerk für die erste Alternative entschieden hat.

sind teilweise nur bei Neuanlagen zu realisieren [1.36]. Die technische Diagnostik ist somit die wesentliche Voraussetzung für eine zustandsorientierte Instandhaltung, die sich in Zukunft noch intensiv weiterentwickeln wird [1.37]. Zur Verbesserung der Erfassungsmethoden, gerade auch im Hinblick auf ihren kostengünstigen Einsatz, werden z. Zt. erhebliche Anstrengungen unternommen [1.38].

Bis zur vollständigen Durchsetzung der zustandsorientierten Instandhaltung wird, insbesondere wegen der Altanlagen, noch einige Zeit vergehen. Damit verbleiben entweder die intervallabhängige, vorbeugende oder die fehlerabwartende Strategie. Es ist jedoch sehr schwierig, das Ergebnis vorbeugender Maßnahmen zu messen [1.39], d.h. die direkten Auswirkungen von vorbeugenden Maßnahmen auf die Verfügbarkeit [1.40] zu bestimmen. Andererseits ist der

---

1.36   Zitate entnommen aus /KAU2 92, S. 657/, Kautz führt hier die Voraussetzungen für "eine sichere, zustandsorientierte Instandhaltung" an.

1.37   /STU 93, S. 1030/ beispielsweise zeigt einige Trends in der Diagnostik auf, er kann zudem auch den Nachweis der Wirtschaftlichkeit der zustandsbezogenen Instandhaltung insbesondere bei Kraftwerken führen.

1.38   Einige Beispiele dieser Arbeiten finden sich in /HUE 90/ - Meßmethode zur Bewertung über das Gesamtverhalten an elektrischen Stellantrieben in einem Kraftwerk bei laufendem Betrieb-, /BUS 89/ - Diagnosesystem zur Überwachung und Darstellung des Speisepumpenzustandes -, /EHR 93/ - wissensbasierte Maschinendiagnose zur Interpretation des Zustandes- und /MOR 91/ - Diagnose zur Lebensdauerabschätzung.

1.39   /ANO 93/ schlägt hierzu eine kostenoptimale Zustandsüberwachung vor: " Hence, to ensure firstly that the condition monitoring is effective it must:

     -   Be driven by financial, operation or safety requirements, not by technology;
     -   Produce useable condition information, not data. ...

The final stage of the analysis involves a cost benefit assessment to establish the financial viability of applying condition monitoring. This is an iterative process which entails balancing the cost of implementing the recommended monitoring programme on each equipment against the savings resulting from the anticipated reduction in number of 'inservice' failures. In order to carry out such a cost benefit assessment it is also necessary to establish a payback time period; eg, three years. "

/CON 89/ beschreiben ein Verfahren zur Riskoberechnung als Basis zur Durchführung von vorbeugender Instandhaltung, wobei die Risikoabschätzung im Vordergrund steht, nicht die Kosten. Anders bei /CON 90, S. 22/: "It is often difficult, in a large plant, to measure the effect that a single machine or sub-system has on the overall reliability of the plant. It is even more difficult to establish or justify the level of maintenance expenditure needed to achieve target levels of reliability - or where to spend it. ... We are going to investigate one way of addressing this problem of balancing maintenance expenditures, how much and where to spend it, against the on-going reliability and output of the plant using a simulation model."

/WAL 90/ weist jedoch darauf hin, daß die Messung der Instandhaltungseffektivität sehr problematisch ist: " Although the measures of maintenance performance that are presented here provide a picture that is far from complete and the definition is at best murky, they are a good start. "

1.40   Dieses als das "Dilemma der Ablauforganisation" /STE 92, S. 371/ in der Instandhaltung bezeichnete Problem besteht darin, daß vorbeugende Maßnahmen zwar eine Verfügbarkeitserhöhung bewirken, daß die Höhe der Intensität dieser Maßnahmen aber nur sehr schwer als direkte Auswirkung auf die Verfügbarkeit der Anlagen nachgewiesen werden kann. Es besteht daher die Tendenz, bei Anlagen mit geringerem Verfügbarkeitsbedarf weniger vorbeugende Maßnahmen durchführen zu wollen, da dadurch Kosten gespart werden können. Da jedoch die genauen Zusammenhänge nicht bekannt sind, besteht die Gefahr, das vermehrt Störungen auftreten, deren Unplanbarkeit (und der Verzicht auf die Möglichkeit der Optimierung) teurer ist,

Verfügbarkeitsbedarf von Kraftwerken zu groß, als daß man sich eine fehlerabwartende Strategie leisten kann.

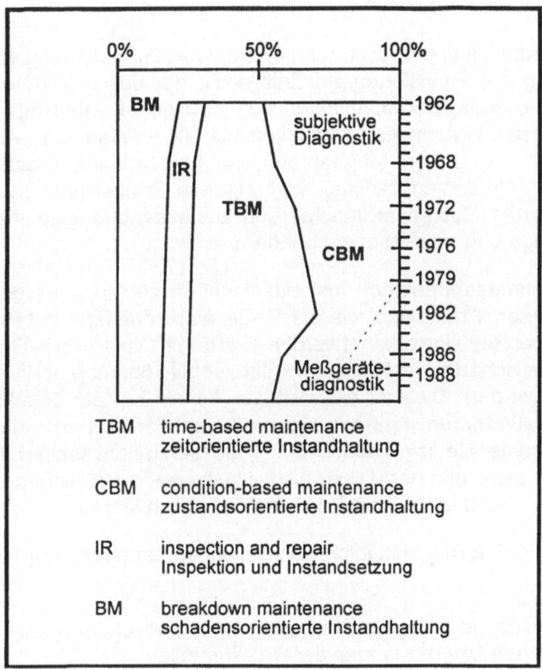

Abbildung 1.6: Instandhaltungsstrategie einer japanischen Großanlage /STU 94, S. 523/

In den USA, Japan und einigen weiteren Ländern wird insbesondere bei atomar betriebenen Kraftwerken die Strategie der reliability centered maintenance RCM verfolgt. Diese ca. 1984 entwickelte Strategie wird von /HOC 90, S. 1/ definiert

---

wie wenn vermehrt vorbeugende Maßnahmen durchgeführt würden. Umgekehrt besteht bei Anlagen oder Anlagenelementen mit erhöhtem Verfügbarkeitsbedarf die Tendenz, eher mehr vorbeugende Maßnahmen durchzuführen als tatsächlich notwendig wäre. Aufgrund dieses Defizites, die Auswirkungen vorbeugender Maßnahmen messen zu können, kann die Frage nach der Instandhaltungsstrategie nur suboptimal gelöst werden.

als: " A systematic consideration of system functions, the way function can fail, and a priority-based consideration of safety and economics that identifies applicable and effective PM (preventive maintenance) tasks." RCM ist somit eine Systematisierung der Vorbeugestrategie, indem vorbeugende Aktivitäten entsprechend der Ausfallmöglichkeiten unter sicherheits- und ökonomischen Aspekten durchgeführt werden [1.41].

In Deutschland gilt in der Regel für die Strategie zur Festlegung von Häufigkeit und Umfang der Revisionen ein Zeitzyklus, der das erwartete Verschleißverhalten der Anlagenkomponenten des Kraftwerkes abbildet. Aus diesem prognostizierten Nutzenverbrauch leiten sich die vorplanbaren Aktivitäten zur Revision ab, zu denen Maßnahmen wie Inspektionen (Feststellung des tasächlichen Nutzenverbrauchs), vorbeugende Reparaturen (auf Basis des prognostizierten Nutzenverbrauchs) und zustandsabhängige Instandsetzungen (als Folge von Inspektionen) gehören.

Zu den zustandsabhängigen Instandsetzungen zählen außerdem alle nicht vorhersehbaren Ereignisse, die als Folge einer durchgeführten Maßnahme während einer Revision erkannt werden. Erst durch Öffnen eines Getriebes kann der wirkliche Schaden festgestellt werden, somit können erst dann Aktivitäten eingeleitet werden. Dies ist ein wichtiger Aspekt bei der Durchführung von Revisionsmaßnahmen, denn eine nicht vorhersehbare Abnutzung wird natürlich im Rahmen einer Revision behoben [1.42], die hierzu notwendigen Maßnahmen sind jedoch nicht planbar. Diese nicht planbaren, zusätzlichen Maßnahmen können den Ablauf einer Revision jedoch erheblich stören.

Somit umfaßt eine Revision folgende vorplanbare und nicht vorplanbare Aktivitäten:

" Erfüllen der gesetzlichen Bestimmungen, insbesondere die versicherungsrechtlichen Überprüfungen der Druckbehälter.

Sicherstellen, daß entstehende Fehler, die oft nur im Verlaufe größerer Instandhaltungsprogramme entdeckt werden, vor Auftreten eines größeren Betriebsausfalls behoben werden.

Auswechseln von Verschleißteilen. Reparieren bekannter Fehler.

Durchführen vereinbarter Umbaumaßnahmen." /SMA 89, S. 663/

1.41   Siehe hierzu ebenfalls /EDG 90, HOC 90, LOF 92, SHI 93 und WOR 93/. In /SHI 93/ wird eine Weiterentwicklung von RCM zu FME/CA vorgeschlagen, sozusagen eine Kombination aus RCM und FMEA (failure mode effects analysis).

1.42   Denn das Kraftwerk bzw. ein Kraftwerksblock muß nur einmal für den Zeitraum der Revision abgeschaltet werden. Notwendige unproduktive Maßnahmen wie "Abkühlen, Demontage für Zugangsmöglichkeiten, Zusammenbau und Wiederinbetriebnahme" /SMA 89, S. 663/ fallen nur einmal an.

1.2.5. Der Ablauf einer Revision

Auf Basis der Strategie wird der Umfang der Revision festgelegt. Dazu sind eine Vielzahl von einzelnen Aufträgen mit Auftragsposition und AVO's zu bilden, deren zeitliche Abfolge die Reihenfolge zu einer Revision ergibt. Zwischen den Aufträgen, Positionen und AVO's besteht eine logische Abhängigkeit.

Die Aufträge sind sozusagen die Bausteine für den Ablauf einer Revision. Zur Koordination aller durchzuführenden Maßnahmen wird eine Ablauforganisation benötigt, gemäß der die Aufträge abgewickelt werden. Danach laufen die Aufträge zeitlich in den Stufen Planung, Steuerung, Durchführung und Überwachung ab.

Ein Auftrag entsteht in der Regel in der Phase vor der Revision durch die Planung der durchzuführenden Tätigkeiten, die Festlegung der dafür notwendigen Qualifikationen der Werker, die Auswahl der Ersatzteile und die Vorgabe der Ausführungszeit. Damit können alle im voraus planbaren Aufträge gebildet und aufeinander abgestimmt werden. Deutlich weniger Aufträge entstehen in der Phase während der Revision, beispielsweise als Folge einer durchgeführten Maßnahme, bei der ein weiterer Schaden erkannt wird.

Die Aktivsetzung der geplanten sowie der ungeplanten, neu auftretenden Aktivitäten verlangt die Abstimmung / Steuerung der vorhandenen Ressourcen Mensch, Hilfsmittel und Ersatzteile zur Erzielung eines optimalen Revisionsablaufes.

Die ständige Überwachung aller Aktivitäten, d.h. die Transparenz des Stadiums, in welchem sich die einzelnen Aktionen befinden, ist zur Planung bzw. Steuerung der laufenden und der anstehenden Aktivitäten notwendig. Nach Abschluß des Auftrages werden alle zu seiner Durchführung notwendigen Informationen in einer Auftragshistorie gesammelt, wo sie für Dokumentations- und Auswertungszwecke und zum einfachen Nachschauen zur Verfügung stehen.

Die Planung und Steuerung aller Aufträge zur Revision umfaßt drei Schritte [1.43]:

☐ Reihenfolgeplanung

Es erfolgt die Bildung einer Reihenfolge der Maßnahmen zur Revision. Dabei sind logische Abhängigkeiten zwischen den Aufträgen bzw. AVO's

---

1.43 Diese Einteilung weicht von dem Vorgehen in der Netzplantechnik ab. Zur Durchführung der Netzplantechnik werden in /DÜR 88, ZIMH 87/ folgende Schritte vorgeschlagen :
- o   Strukturanalyse, Erstellung des Netzplanes
- o   Zeitplanung, -analyse - Terminplanung
- o   Kapazitätsplanung, -analyse, Kapazitätsabgleich
- o   Kosten- und Finanzplanung, -analyse

und gegebenenfalls Fixtermine für bestimmte Aufträge [1.44] zu beachten. Anschließend erfolgt eine Zeitplanung, die den Revisionsstart, den Revisionsendetermin und damit die Revisionsdauer zu berücksichtigen hat.

☐ Optimierung durch Kapazitätsabgleich

Bei der Optimierung durch Kapazitätsabgleich geht es um die Verteilung der Aufträge / Vorgänge auf die Kapazitätseinheiten. Dabei sind Spitzen im Kapazitätsgebirge, sowie ein Überschreiten der Kapazitätsgrenze bei Konkurrenz mehrerer Aufträge um Kapazitäten zu beachten.

☐ Optimierung durch Verkürzung der Revisionsdauer

Die Reduzierung der Revisionsdauer muß die Ausführungskosten berücksichtigen. Die relevanten Kosten bestehen zum einen aus den Aufwendungen für den Ersatzstrom, der für die Dauer der Revision vom Kraftwerksbetreiber zugekauft werden muß. Zum zweiten sind die jeweiligen Kosten der durchzuführenden Aufträge zu berücksichtigen.

1.44 Dazu gehört beispielsweise die Druckprobe in Abstimmung mit dem TÜV.

2. Anforderungen zur Optimierung der Revisionsdurchführung

Kraftwerksbetreiber unterliegen heute dem Anspruch, ihre Kraftwerke immer besser auslasten zu müssen, um damit die Einsatzzeiten ihrer Kraftwerke zu erhöhen. Die sich seit einigen Jahren verändernden äußeren Rahmenbedingenung sind ein wesentlicher Grund für diesen Trend:

☐ Es besteht ein erheblicher Druck, die Gesamtverfügbarkeit und damit die Gesamtstromausbringungsmenge eines Kraftwerkes durch Reduzierung der Revisionsbrachzeiten zu erhöhen, da der Neubau von Kraftwerken wegen der erheblichen Genehmigungsproblematik sehr schwierig geworden ist [2.1] .

☐ Der Konkurrenzdruck in der Stromwirtschaft nimmt durch die Einführung des europäischen Binnenmarktes deutlich zu und erzeugt damit erheblichen Druck zur Reduktion der Stromerstellungskosten [2.2] .

☐ Die Komplexität der instandzuhaltenden Kraftwerke ist in den letzten Jahren erheblich gewachsen, beispielweise durch technische Einrichtungen, um die wachsenden Umweltauflagen erfüllen zu können [2.3] .

2.1 /KAU1 92, S.401/ gibt als Gründe für die steigende Bedeutung der Instandhaltung in Kraftwerken die schwierige Genehmigungssituation zum Neubau von Kraftwerken an, er weist aber auch darauf hin, daß für eine neue Kraftwerksgeneration noch keine ausgereiften Konzepte vorliegen. Das führt zu der Feststellung, daß ein Kraftwerk während seiner Lebenszeit durch Instandhaltungsmaßnahmen optimal genutzt und seine Lebenszeit ggfls. verlängert werden sollte, soweit dies unter den heute bekannten Voraussetzungen (z.B. durchschnittliche Lebensdauer von drucktragenden Komponenten = 40 Jahre) möglich ist. Die Instandhaltung wird damit zu einem entscheidenden Faktor, insbesondere wenn man bedenkt, daß fast 50 % der Kraftwerke schon älter als 20 Jahre sind. Dieser Trend gilt ebenfalls für die USA, wo sich " die Altersstruktur der Kraftwerke verschlechtert, so daß der Wunsch nach Verlängerung der Lebensdauer verständlich wird. " /KAU1 92, S.401/. Darauf weist auch /ULL 90, S.103/ hin, der darstellt, daß 39 % der fossilbefeuerten Kraftwerke > 60 MW in den USA zwischen 10 und 19 Jahre und 49 % der Kraftwerke 20 Jahre und älter sind. Als einen Grund hierfür weist /ULL 90/ auf das auch in den USA unsichere Gesetzgebungsklima hin. Ähnlich stellt sich die Situation in Japan dar: "At present, approximately 60% of the existing thermal power installations in Japan have been operating commercially for 20 years, often for more than 100.000 hours." /YAM 91, S. 119/

2.2 " Mit der Bildung des Europäischen Binnenmarktes wird die deutsche Wirtschaft mit qualitativ und quantitativ neuen Anforderungen konfrontiert .... Für die Energiewirtschaft sind das fünf Anforderungsgruppen:
- Free movements of goods - Abbau lokaler Monopole,
- improved security of supply - verbesserte Verfügbarkeit,
- improved competitiveness - verbesserte Wettbewerbsfähigkeit,
- better protection of the environment - besserer Schutz der Umwelt,
- economic advantage - niedrigere Verbraucherpreise." /STU 94, S. 522/

Dazu gehören geplante Maßnahmen wie "z. B.,,Third Party Access" (TPA), d. h. Zugang Dritter zu einem Leitungsnetz, ... ferner das Konzept des ,,Unbundling". Es soll dazu dienen den Mißbrauch einer marktbeherrschenden Stellung wie der eines Leitungsmonopols zu verhindern. Es dient der

☐ Es ist zunehmender Druck zum Kostenabbau als Folge der Reduktion der Stromerstellungskosten festzustellen, insbesondere auch in den Instandhaltungsabteilungen.

☐ Es liegen deutlich gestiegene Anforderungen an die Umweltverträglichkeit der Stromproduktion und der Instandhaltung vor [2.4].

Für das Instandhaltungsmanagement ergibt sich aus dieser Situation die Anforderung nach einer qualifizierten Revisionszeitverkürzung bzw. der qualifizierten Optimierung der Revisionsdurchführung, um damit die Einsatzzeit des Kraftwerkes zu erhöhen [2.5].

Eine Verkürzung der Revisionszeit ist jedoch nur dann sinnvoll, wenn sie vorgeplant ist und kein Ersatzstrom gebucht ist. Außerdem darf der Revisionsendetermin bei verkürzter Revisionsdauer nicht überschritten werden, da sonst erhebliche Mehrkosten durch ungeplanten Ersatzstrombedarf entstehen [2.6], die den Effekt der Reduzierung wieder aufheben.

Somit sind zur Optimierung der Revisionsdurchführung vier Nebenbedingungen zu berücksichtigen, die aufeinander abgestimmt werden müssen -> Abbildung 2.1:

☐ Die erste Nebenbedingung (A) ergibt sich aus der unbedingten Einhaltung des Zeitpunktes "IN" (Inbetriebnahme), so daß der Revisionsendetermin nicht überschritten wird und daraus keine ungeplante Nichtverfügbarkeit des Kraftwerkes resultiert. Denn aus der ungeplanten Nichtverfügbarkeit erfolgt ein ungeplanter Mehrbedarf an Strom, der bedeutend teurer sein kann als ein geplanter Ersatzstrombedarf. Das bedeutet, daß alle Bemühungen zur Revisionszeitverkürzung sinnlos sind, wenn der Revisionsendetermin nicht eingehalten werden kann.

Kostentransparenz und Kostenminimierung durch mehr Wettbewerb." /KAU1 92, 401/ In Großbritanien, wo 1989 die Stromversorgungsindustrie privatisiert wurde (vgl. /CAM 90/) zeigt sich heute, daß aufgrund der Privatisierungsmaßnahmen der " Strompreis aufgrund der Identifizierung und rigorosen Senkung aller beweglichen Kosten ebenfalls gefallen " ist. /CAM 94, S. 96/ Zum Stand der Diskussion über den EG-Binnenmarkt in der Energiewirtschaft siehe auch /HEI 94, S. 106 - 107/.

2.3   " Die Notwendigkeit für die technische Weiterentwicklung der Anlagen liegt in den ständig steigenden Anforderungen an Wirtschaftlichkeit, Zuverlässigkeit, Sicherheit und Umweltfreundlichkeit, die die Anwendung verbesserter und verfeinerter Techniken (z.B. Wirbelschichtfeuerung, Rauchgasentschwefelung) erfordern. " /WEI1 90, S. 286/

2.4   " Umweltschutz wird auch in Zukunft oberste Priorität haben." /YEA 94, S. 189/

2.5   " Langfristige Ausfallzeitoptimierung ist eine wichtige Voraussetzung für eine erfolgreiche Kraftwerksstrategie (zum kostenoptimalen Kraftwerksbetrieb, d. Verf.). " /VET 93, S. 362/

2.6   Ungeplanter Ersatzstrombedarf entsteht, wenn ein Kraftwerk ausfällt oder zum vom Lastverteiler geforderten Zeitpunkt nicht einsatzbereit ist.

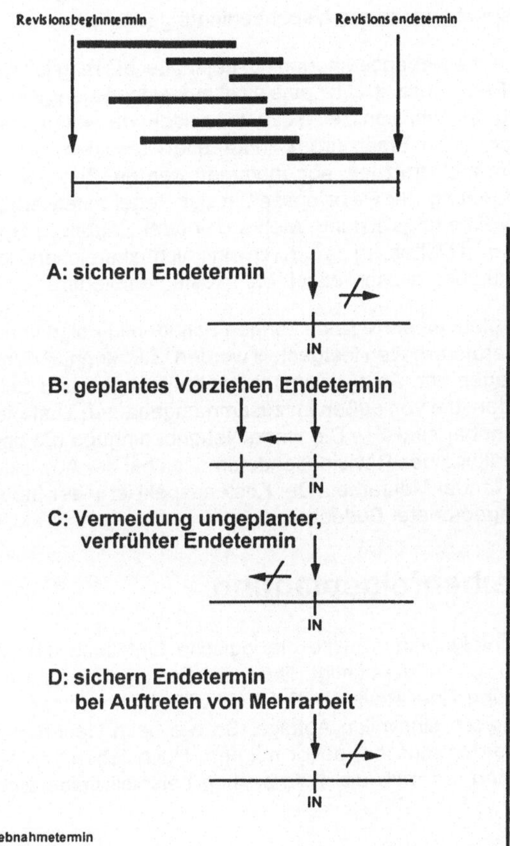

Abbildung 2.1: Vier Nebenbedingungen zur Optimierung der Revisionsdurchführung

☐ Die zweite Nebenbedingung (B) weist auf eine geplante Verkürzung der Revisionszeit hin und zeigt die Verschiebung des Zeitpunktes "IN" in Richtung des Starttermines (Gegenwart) auf der Zeitskala. Dies bedeutet eine Optimierung des gesamten Auftragsnetzes im Hinblick auf eine Einsparung an Ersatzstrombedarf. Wesentlich ist hierbei jedoch, daß zum einen die Verkürzung der Revisionszeit vorher bekannt ist, so daß hieraus ein Ersatzstromminderbedarf erfolgt, der vorkalkulierbar ist. Zum anderen ist es wesentlich, daß der neue Zeitpunkt "IN" nicht überschritten wird. Dies entspricht der ersten Nebenbedingung (A).

☐ Die dritte Nebenbedingung (C) beinhaltet die möglichst exakte Einhaltung der Revisionszeit. D.h., eine nicht ausreichend langfristig geplante Verkürzung der Revisionszeit ist zu vermeiden, da erstens daraus kein Gewinn durch einen Ersatzstromminderbedarf resultiert. Der gebuchte Ersatzstrom muß trotzdem abgenommen werden. Zum zweiten bedeutet eine Verkürzung der Revisionszeit in der Regel einen erhöhten Aufwand an Koordinierungsleistung, Mehrarbeit oder Engpassausgleich durch einen teureren Dritten, so daß durch eine nicht ausreichend langfristig geplante Verkürzung ausschließlich Mehrkosten entstehen.

☐ Im Ablauf einer Revision können Schäden in Folge von Inspektions- oder Reparaturarbeiten festgestellt werden. Z.B. können durch das Öffnen und Zerlegen von Anlageelementen Abnutzungen und Schäden festgestellt werden, die von außen im zusammengebauten Zustand der Anlage nicht erkennbar sind [2.7] . Die vierte Nebenbedingung (D) besteht somit in der Einhaltung des Revisionsendetermines bei der Abwicklung von eventuell anfallender Mehrarbeit. Der Kostenaspekt ist in der Steuerungsphase von nachgeordneter Bedeutung.

2.1. Reihenfolgeplanung

Zur Reihenfolgeplanung wird die logische Einteilung der Arbeiten innerhalb einer Revision berücksichtigt. Denn die Festlegung der Reihenfolge bei der Durchführung einer Revision darf nicht willkürlich erfolgen, sondern unterliegt einer technisch sinnvollen Abfolge. So wie beim Hausbau erst Fundamente gesetzt werden müssen, bevor mit dem Hochziehen von Mauern begonnen werden kann, so muß die Aufarbeitung beispielsweise einer Pumpe in den Schritten

ausbauen, Gehäuse öffnen, zerlegen, überprüfen, Beschaffung und austauschen bzw. aufarbeiten von Teilen, zusammensetzen, Gehäuse schließen und einbauen

erfolgen. Die Reihenfolge entsteht aus der technisch-logischen Folge der Arbeitsschritte.

Für die Reihenfolgeplanung ergibt sich nun die Anforderung, daß vor einer Revision eine erhebliche Menge an Arbeitsvorgängen zu ordnen und in eine sinnvolle Anordnung zu bringen sind, aus denen sich dann die jeweiligen Start- und Endetermine für jeden Vorgang im Terminplan ergeben.

2.7 " Zusätzlich erschwerend zeigt sich, daß bei vielen Anlagen oder Anlagenbereichen bestimmte Mängel, die Reparaturaufwand, Ersatzteile und Material erforden, erst bei Stillstand der Anlage festgestellt werden können." /BIN 90, S. 171/

⇨ **Ausgangssituation:**

➡ **>12000 Arbeitsvorgänge**

➡ **ca. 1200 Arbeitsgruppen**

→ **davon 85 % fremd**

➡ **Abwicklungszeit 3 Monate**

➡ **teilweise ad-hoc auftretende, nicht vorplanbare Aufträge**

➡ **bei Endterminüberschreitung:**

→ **sehr hohe Verzugskosten**

Abbildung 2.2: Fallbeispiel einer 1993 durchgeführten Revision /GIR 93/

In der -> Abbildung 2.2 sind die Größenordnungen der zu verarbeitenden Daten am Beispiel einer 1993 in einem konventionellen Kraftwerk durchgeführten Revision dargestellt. Daraus leitet sich die erhebliche Komplexität ab, die sich hinter der Aufgabe der Reihenfolgeplanung einer Revision verbirgt.

Außerdem zeigt die Praxis in der Revisionsdurchführung, daß viele Vorgänge einem erheblichen stochastischen Einfluss unterliegen. Die Ausgangsdaten sind zu ungenau, obwohl der Vorgang in ähnlicher Form, aber doch nicht in exakt der gleichen Form schon einmal durchgeführt wurde. So hat die Auswertung einer Revision /GIR 93/ ergeben, daß sich im Mittel die Planungsfehler über die gesamte Revision betrachtet zwar nivellieren, im Einzelfall jedoch erheblich (über mehrere hundert Prozent!) von der Ausgangsplanung abweichen.

Eingewendet werden kann, daß dies durch eine ausreichende Arbeitsplanung vorbestimmbar ist, jedoch liegt hierin ein bedeutender Aufwand, so daß dies nicht durchgeführt wird bzw. im Hinblick auf die Durchführung des Vorganges während der Revision - die ja wiederum (wie gleich gezeigt wird) eines eigenen stochastischen Einflusses unterliegt - unsinnig wäre.

Denn oft werden erst bei der Durchführung der Revisionsarbeiten, beispielsweise nach Öffnen einer Komponente, wesentliche Erkenntnisse gewonnen, wie die Instandhaltungsmaßnahme zu erfolgen hat, ob getauscht werden muß, die Komponente aufgearbeitet werden kann oder eventuell sogar gar nichts getan werden muß, da der Zustand besser ist als erwartet. Hierin liegt eine große

Unsicherheit in der Vorbestimmung der Dauer einer Maßnahme und der sie beschreibenden Vorgänge, sodaß einerseits eine Vorplanung nur mit einer gewissen Genauigkeit möglich und sinnvoll ist und andererseits auch die Steuerung einer Revision während der Durchführung ganz erheblich davon beeinflußt wird.

Aus dieser Unsicherheit in den Planungsdaten ergibt sich die Dynamik, der das Revisionsgeschehen unterliegt. Diese Dynamik verlangt während der Revision nach einer ständigen Aktualisierung der Reihenfolgeplanung und damit nach einer Verringerung des Aufwandes, der sich hinter der Reihenfolgeplanung verbirgt.

Zusammenfassend ergibt sich für die Reihenfolgeplanung die Anforderung, mit einer großen Anzahl Daten umgehen zu können - beispielsweise durch effiziente Strukturierung -, die auftretenden Unsicherheiten sehr einfach und schnell berücksichtigen zu können, um der großen Dynamik im Betriebsgeschehen gerecht zu werden.

2.2. Optimierung durch Kapazitätsabgleich

Im Anschluß an die Reihenfolgeplanung sind die Personalressourcen zu berücksichtigen. Dabei werden der Kapazitätsbedarf und das Kapazitätsangebot gegenübergestellt. Bei der Durchführung des Kapazitätsabgleiches ist die Konkurrenz mehrerer Vorgänge um Kapazitäten zu berücksichtigen. Es ergeben sich Restriktionen durch:

☐ die Konkurrenz mehrerer Aktivitäten um knappe Ausführungskapazitäten

☐ die Konkurrenz um knappe Betriebsmittel oder Arbeitsplätze

☐ ablauftechnisch bedingte Kriterien

☐ die Freischaltung [2.8] durch den Kraftwerksbetreiber

Der Kapazitätsbedarf ist nicht gleichverteilt, sondern verläuft mit vielen Spitzen und Tälern [2.9]. Sobald die angebotene Kapazität begrenzt ist, ergibt sich eine Kapazitätsgrenze. Auswirkungen auf die gesamte Revisionsausführungszeit ergeben sich, wenn

---

2.8   Unter Freischaltung ist eine Sicherheitsmaßnahme zu verstehen, die gewährleistet, daß das zu bearbeitende Anlagenelement strom- bzw. drucklos ist.

2.9   Das bedeutet, daß an einigen Tagen sehr wenig Kapazität an anderen Tagen jedoch sehr viel Kapazität benötigt wird. Es können Fälle auftreten, wonach Kapazitätsgruppen starke Auslastungen zu Beginn und zum Ende einer Revision zeigen, während der Revision jedoch kaum ausgelastet sind, oder sogar nicht benötigt werden. Eine Gerüstbaufirma ist dafür ein gutes Beispiel. Sehr vereinfacht ausgedrückt werden zu Beginn einer Revision die Gerüste aufgebaut, die Kapazität der Gerüstbaufirma ist dafür notwendig. Zum Ende der Revision werden sie z.B. in

- ☐ sehr starke Bedarfsschwankungen auftreten, somit eine Kapaziätseinheit entweder stark überlastet oder stark unterlastet ist,

- ☐ das Kapazitätsangebot überschritten wird, d.h. mehr Kapazität benötigt wird als vorhanden ist.

Die Bedarfsschwankungen sind vor der Revision relevant, da ein langer Planungshorizont besteht. Um die Anzahl der einzusetzenden Mitarbeiter einer Kapazitätsgruppe gering zu halten, ist es notwendig, die Gruppe möglichst gleichmäßig auszulasten. Denn die Anzahl Mitarbeiter richtet sich nach der höchsten Kapazitätsspitze, um den maximalen Kapazitätsbedarf decken zu können und das Kapazitätsangebot nicht zu überschreiten.

Eine möglichst gleichmäßige Auslastung ist bei eigenen Kapazitätsgruppen notwendig, da Spitzen eine erhöhte Vorhaltung an eigenem Personal bedeuten würde. Gleichmäßige Auslastung ist aber insbesondere auch beim Fremdfirmeneinsatz notwendig, da bei einer Revision bis zu 85 % der anfallenden Tätigkeiten durch Fremdfirmen abgewickelt werden und dadurch unmittelbar Geld eingespart werden kann. Denn die bisher übliche Praxis bei der Beauftragung von Fremdfirmen ist, daß die maximal notwendige Kapazität bestimmt wird und die Fremdfirmen daraufhin ihren Kapazitätseinsatz planen und kalkulieren. Die Täler zwischen den Spitzen bleiben unberücksichtigt, die Fremdfirma verkauft ihre Kapazität nach der Spitzenauslastung und richtet ihre Kapazitätsbereitstellung nach der maximal benötigten Kapazitätsnachfrage aus. Kann diese maximale Nachfrage nicht befriedigt werden, gäbe es Verzug, was zu vermeiden ist. Die maximale Kapazität deckt die maximalen Spitzen ab, aber genauso die Tage mit weniger Kapazitätsbedarf. An diesen Tagen liegt jedoch ein Kapazitätsüberangebot vor [2.10]. Da in der Regel Kapazitätsgruppen nur bedingt flexibel sind - beschäftigte Mitarbeiter können nicht heute eingesetzt und morgen nach Hause geschickt werden -, muß der nicht beschäftigte Mitarbeiter trotzdem bezahlt werden. Deswegen sind Spitzen und Täler im Kapazitätsgebirge soweit möglich zu nivellieren bzw. der Flexibilität des Kapazitätsangebotes anzupassen.

Während der Revision treten die Bedarfsschwankungen in den Hintergrund. Da wesentlich kurzfristiger reagiert werden muß, ergibt sich möglicherweise ein Überschreiten des Kapazitätsangebotes. Denn kurzfristig lassen sich Spitzen wesentlich schwieriger abbauen. Dazu müßten die Arbeiten zeitlich nach hinten verschoben werden.

---

der Entschwefelungsanlage (REA) vor und bei Rohrleitungen teilweise nach der Inbetriebnahme wieder abgebaut, die Kapazität der Gerüstbaufirma ist dann wieder gefordert. Während der Revision ist (idealerweise) kein Gerüstumbau notwendig, die Kapazität der Gerüstbaufirma wird nicht benötigt.

2.10 Das Überangebot bezieht sich nicht nur auf die Kapazitätsgruppen an sich, sondern auch auf die notwendigen Infrastruktureinrichtungen wie beispielsweise Unterkünfte und sanitäre Einrichtungen.

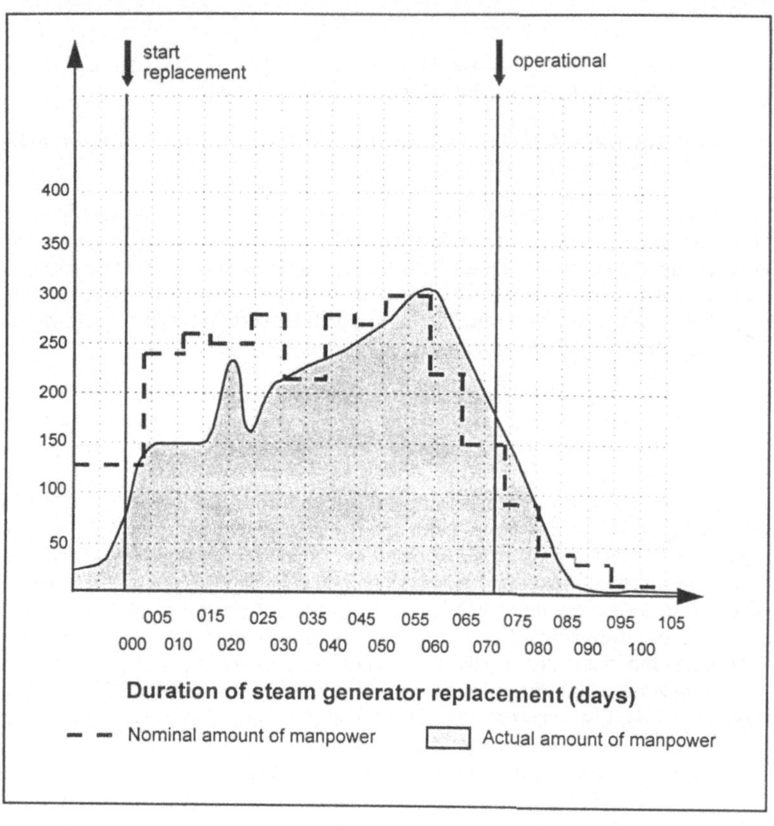

Abbildung 2.3: Distribution of manpower during the replacemant operations /WIE 90, S.26/

Dies ist aber sehr kritisch, da wegen der "Rechtslastigkeit des Kapazitätsbedarfes" die Möglichkeiten zum Verschieben wesentlich geringer sind. Da aufgetretene Verzüge und Mehrarbeit die Vorgänge nach hinten, zum Ende der Revision hin verschieben, bestehen weniger Möglichkeiten der kurzfristigen Kapazitätsdeckung, je weiter die Revision voranschreitet. Die Situation wird gegen Ende der Revision hin besonders kritisch, es besteht die Gefahr, in Verzug zu geraten. Dies zeigt sich bei dem typischen Verlauf einer Revision, wie in Abbildung 2.3 dargestellt, durch die "Rechtslastigkeit" des Kapazitätsgebirges, da gegen Ende der Revision der größte Kapazitätsbedarf vorliegt.

Das Überschreiten des Kapazitätsangebotes hat vor der Revision keine Bedeutung, da im Prinzip auf beliebig viel Kapazität zugegriffen werden kann. Die Vorplanung läuft ca. 1/2 Jahr vor Revisionsbeginn ab, somit bestehen genügend gute Möglichkeiten, den Kapazitätsbedarf durch Fremdfirmen zu decken.

2.3. Optimierung zur Verkürzung der Revisionsdauer

Neben der Reihenfolgeplanung und der Optimierung durch Kapazitätsabgleich hinaus besteht die Anforderung an eine Revisionsdauerverkürzung, wie sie eingangs aufgezeigt wurde. Im Detail bedeutet dies, auf Basis der Reihenfolgeplanung, die ein Revisionsanfang und -ende festlegt, die Abfolge der Arbeiten dergestalt zu verändern, daß die Revisionsdauer verkürzt wird.

Vor der Revision sind die Kosten zu berücksichtigen, die im Zusammenhang mit der Dauer der gesamten Revision stehen oder eine Funktion der einzelnen Maßnahmendauern sind [2.11]. Als Einflußmöglichkeiten bestehen die Änderung der Vorgangstermine ohne oder mit Verlängerung der Gesamtrevisionsdauer sowie die Verkürzung oder Verlängerung der einzelnen Vorgangsdauern durch den Einsatz von Überstunden, zusätzlicher Arbeitskräfte oder Betriebsmittel. Damit werden jedoch die Gesamtkosten der Revision verändert. Es fallen zusätzliche Kosten an, die den Kosteneinsparungen durch Projektzeitverkürzung gegenüberzustellen sind, woraus sich neben dem Zeitverkürzungs- auch ein Kostenoptimierungsbedarf ergibt.

Während der Revision steht der Revisionsendetermin fest, der Ersatzstrom ist gebucht. Die Reduzierung der Revisionsdauer ist nicht mehr interessant, da kein zusätzlicher Gewinn anfällt, somit stellt sich die Anforderung der gesamten Revisionsdauerverkürzung nicht mehr. Stattdessen kann sich die Notwendigkeit ergeben, Teilabschnitte der Revision verkürzen zu müssen. Denn bei Auftreten von Zusatzarbeit ist der Revisionsendetermin trotzdem einzuhalten, was besonders wegen der "Rechtslastigkeit" gegen Ende der Revision deutlicher wird. Das bedeutet, daß ein größeres Stundenvolumen in der gleichen Zeit abzuwickeln ist, das zu bewältigende Stundenvolumen pro Zeitintervall steigt an. Grundsätzlich enspricht dies der gesamten Revisionszeitverkürzung, bei der ebenfalls durch die Zeitverkürzung ein größeres Stundenvolumen pro Zeiteinheit abzuwickeln ist.

Spielten jedoch bei der Revisionszeitverkürzung die Kosten eine Rolle, woraus sich neben der Zeitverkürzung die Anforderung nach Kostenoptimierung ergibt, so ist jetzt lediglich eine Zeitverkürzung im Teilabschnitt notwendig. Die Kosten sind in dieser Phase unerheblich, da die Kosten für das Ausgleichen von Spitzen ein Vielfaches unter denen für den Verfügbarkeitsausfall liegen [2.12].

2.11   /GEW 72/ geben zusätzlich noch Kosten an, die bei Änderungen der Auslastung entstehen und von der Art des Belastungsplanes abhängen.

2.12   Im eher unwahrscheinlichen Fall, daß diese Annahme nicht zutrifft, ergibt sich das gleiche Problem wie bei der gesamten Revisionszeitverkürzung. Diese Situation kann dann eintreten, wenn erheblicher Bedarf an Mehrarbeit während der Revision auftritt und somit eine erhebliche Abweichung von der Revisionsplanung vorliegt. Dies ist aber aus bisherigen Erfahrungen bei der Revisionsabwicklung nicht anzunehmen, da sich die Planungsfehler statistisch gesehen über alle Vorgänge ausgleichen /GIR 93/.

3. Stand der Anwendung von Verfahren zur Revisionsplanung und -durchführung

In der gegenwärtigen Abwicklung von Revisionen werden Verfahrensweisen eingesetzt, die sich in drei Kategorien unterteilen lassen:

☐ mathematisch orientierte Verfahren, die aus dem Operation Research (OR) [3.1] stammen und als Einzellösungen für bestimmte Fragestellungen eingesetzt werden

- ◆ zur Reihenfolgeplanung wird hierzu die Netzplantechnik (NPT) eingesetzt, eine spezielle Variante der Graphentheorie

- ◆ zur Optimierung durch Kapazitätsabgleich werden Verfahren angewendet, die auf dem "Grundmodell der Kapazitätsplanung" mit der Zielfunktion "Nivellierung des Einsatzmittelbedarfes" basieren

- ◆ zur Verkürzung der Revisionsdauer wird einerseits ebenfalls das "Grundmodell der Kapazitätsplanung" verwendet, jetzt jedoch mit der Zielfunktion "Minimierung der Projektdauer", sowie andererseits der "Ford-Fulkerson Algorithmus"

☐ EDV-Systeme als Komplettlösungen zur Reihenfolgeplanung und zur Optimierung durch Kapazitätsabgleich

- ◆ Projektmanagementsysteme mit Verwendung der Netzplantechnik

- ◆ Instandhaltungssysteme

☐ manuelle Ablaufplanung - auf Basis von Erfahrungen -, ebenfalls zur Reihenfolgeplanung

Darüberhinaus bestehen Kombinationen beispielsweise aus Netzplantechnik in Verbindung mit einem Instandhaltungssystem oder dem Einsatz eines Instandhaltungssystemes zur Unterstützung der manuellen Planung.

Im folgenden soll geklärt werden, ob die bisher eingesetzten Verfahren zur Revisions- (bzw. Projekt-) planung den Anforderungen nach

☐ Verarbeitung großer Datenmengen: 10000 Vorgänge, 1000 Kapazitätsgruppen

☐ Transparenz und Übersichtlichkeit bei der Verarbeitung der Datenmengen

---

3.1   "Operations Research bedeutet die Suche nach einer bestmöglichen (optimalen) Entscheidung unter Berücksichtigung von Nebenbedingungen. Insbesondere haben wir es bei einem Operations-Research - Problem ... in der Regel mit einem Optimierungsproblem zu tun." /NEU 93, S.5/

☐ Abbildung der Dynamik im Revisionsgeschehen durch Ergänzungen und Änderungen in der Vorbereitungsphase der Revision sowie der Änderungen und Anpassungen während des Ablaufes der Revision

☐ Verarbeitung einer teilweise erheblichen Unschärfe in den vorliegenden Daten bezgl. Vorgangslänge und Arbeitsinhalte

genügen können.

3.1. Reihenfolgeplanung

3.1.1. Netzplantechnik

Die Netzplantechnik wird insbesondere zur Reihenfolgebildung angewendet. Die Aufgaben der Netzplantechnik [3.2] liegen in "... der Darstellung, Planung - insbesondere Terminplanung - und Kontrolle von großen Projekten mit einer Vielzahl von einzelnen Arbeitsgängen, die man üblicherweise als Vorgänge bezeichnet." /DÜR 88, S. 181/ . Zur Terminplanung ist die Bildung der Reihenfolge der Vorgänge notwendig.

Üblicherweise werden in der Netzplantechnik drei wesentliche Netzplantypen unterschieden [3.3], zu denen jeweils verschiedene Methoden entwickelt wurden:

☐ Vorgangspfeilnetze, beispielsweise die CPM - Methode (critical path method) [3.4],

☐ Vorgangsknotennetze, hierzu die MPM - Methode (METRA Potential - Methode) [3.5]

3.2   In den 60´er Jahren kamen zunehmend Planungsverfahren auch in Deutschland zur Anwendung, die unter den Begriff Netzplantechnik fallen und die eine deutliche Verbesserung der Planung und Steuerung insbesondere auch von Großprojekten ermöglichten.

3.3   beispielsweise bei /DÜR 88, NIE 84 und ZIMH 87/

3.4   " Der Chemiekonzern "du Pont de Nemours & Company" entwickelte mit dem Computerkonzern "Remington Rand Corporation" ein Verfahren, welches eine wirksamere Planung und Überwachung von Großprojekten der Chemie gestattete." /NIE 84, S. 195/. Die CPM-Methode wurde 1959 veröffentlicht.

Nach CPM ergibt sich ein vorgangsorientierter Netzplan in Pfeildarstellung, die Vorgänge werden durch Pfeile repräsentiert.

3.5   " Das Jahr 1958 brachte in Europa die Entstehung der MPM-Methode. ... Im französischen Firmenverband METRA entwickelte die Société de Economie et de Mathématique Appliqué diese Methode und wandten sie auf die Terminplanung beim Bau von Atomkraftwerken an." /NIE 84, S. 195/.

Bei MPM werden die Vorgänge durch Knoten dargestellt, die Pfeile zeigen die Abhängigkeiten zwischen den Vorgängen auf, es ergibt sich ein vorgangsorientierter Netzplan in Kasten- oder Kreisdarstellung (je nach dem wie die Vorgänge symbolisiert werden).

☐ Ereignisknotennetze, die Methode PERT (Project Evaluation und Review Technique) [3.6]

Neben den drei deterministischen Netzwerkverfahren wurden stochastische Netzwerkverfahren [3.7] entwickelt, die unter der Bezeichnung "Entscheidungs-Netzplantechnik" - ENPT - geführt werden /MÜL1 89, S. 282/. MÜL1 89 nennt beispielweise

☐ die Decision-Box-Methode (DB) von H. Eisner,

☐ die Generalized-Activity-Networks-Methode (GAN) von S.E. Elmagraphy,

☐ sowie das von Pritsker und Happ entwickelte Verfahren GERT - Graphical Evaluation and Review Technique.

Die Netzplantechnik verlangt als ersten Schritt die Festlegung der Vorgänge und der Anordnungsbeziehungen. Dies erfolgt in der Regel in Vorgangslisten, in denen die einzelnen Vorgänge definiert werden. Damit wird ein Vorgang beschrieben, seine Dauer festgelegt sowie seine Vorgänger bzw. seine Nachfolger festgelegt. Auf Basis dieser Größen läßt sich ein vollständiger Netzplan darstellen, sowie die Zeitpunkte der einzelnen Vorgänge - Start- und Endetermine - festlegen / DIN 69900 /.

Unterschieden werden zwei Rechenvorgänge, die Vorwärtsterminierung und die anschließende Rückwärtsterminierung. Damit werden die frühesten Anfangszeitpunkte (Vorwärtsrechnung) und die spätesten Endzeitpunkte (Rückwärtsrechnung) ermittelt. Zur Vorwärtsrechnung wird mit dem Anfangsknoten begonnen, anschließend werden die Zeiten der direkten Nachfolger berechnet. Es schließen sich jeweils die direkten Nachfolger eines Vorganges

---

3.6 " 1958 wurden von der US-Navy und verschiedenen Beratungsfirmen (Booz, Allon, Hamilton) die Methode PERT ... entwickelt. Sie diente zur Steuerung bei der Entwicklung und Fertigung der Polaris-Rakete. Dabei wurden die Arbeiten von ca. 11000 Regierungs-, Verwaltungs- und Industriestellen koordiniert. Die gesamte Projektdauer soll durch den Einsatz dieser Planungsmethode um 2 Jahre verkürzt worden sein. " /NIE 84 S. 195/.

PERT ist ein ereignisorientiertes Netz in Pfeildarstellung, bei dem die Ereignisse wie bei MPM als Knoten dargestellt werden. Ein Ereignis beschreibt im Gegensatz zum Vorgang, der aus einem definierten Anfang und Ende besteht, einen definierten Zustand und damit einen Zeitpunkt. Dabei " ... bleiben die Vorgänge, die zu den einzelnen Ereignissen führen, im wesentlichen undefiniert ..." /ZIMH 87, S. 301/. Zudem besteht die Möglichkeit, Wahrscheinlichkeiten für das Eintreten der Ereignisse zu definieren, somit berücksichtigt PERT die grundsätzlich stochastische Struktur eines Projektes, daß Vorgangsdauern nicht exakt bestimmbar sind.

3.7 Bei einem stochastischen Netzwerkverfahren werden die starren Strukturen der deterministischen Verfahren aufgelöst, die sich durch konjunktive Anordnungsbeziehungen auszeichnen. "... jedes durch einen Knoten dargestellte Ereignis tritt erst in dem Moment ein, in dem alle in den Knoten mündenden Kanten abgeschlossen sind. Die gleiche Bedingung gilt für die Knotenausgänge, d.h. alle von einem Knoten wegführenden Kanten *müssen* realisiert werden." /ZIMH 87, S. 322/. Die Unterscheidung beispielsweise zu GERT liegt insbesondere darin, daß bei GERT das Eintreten eines Vorganges sowie seine Vorgangsdauer stochastischer Natur sein kann, während dies bei PERT lediglich die Vorgangsdauer ist.

an, bis alle Vorgänge abgearbeitet sind. Möglich ist statt der Wahl des direkten Nachfolgers auch eine chronologische Abarbeitung nach der Vorgangsnummer. Zur Rückwärtsrechnung wird mit dem Endeknoten begonnen, anschließend werden die Zeiten der direkten Vorgänger berechnet. Es schließen sich jeweils die direkten Vorgänger eines Vorganges an, bis alle Vorgänge abgearbeitet sind.

Aus der Differenz von Vorwärts- und Rückwärtsrechnung mit einerseits frühesten Anfangs- und Endeterminen aus der Vorwärtsrechnung sowie andererseits, aus der Rückwärtsrechnung, spätesten Anfangs- und Endeterminen ergeben sich Pufferzeiten. Alle Vorgänge, deren Pufferzeit null ist, sind "kritisch". Die Aneinanderreihung aller kritischen Vorgänge ergibt den kritischen Pfad. Eine Veränderung der Dauer eines Vorganges auf dem kritischen Pfad hat eine Veränderung der Gesamtdauer des Vorgangsnetzes zur Folge.

Die Vorzüge der Netzplantechnik zur Reihenfolgeplanung liegen in der detaillierten Abbildung aller möglichen Beziehungen zwischen den Vorgängen zu einer Revisionsplanung. Genau dies ist aber auch ein erheblicher Nachteil, da jede Beziehung explizit aufgebaut werden muß, was beträchtliche Zeit in Anspruch nimmt. Da sehr viele Abhängigkeiten möglich sind, sind aber auch erhebliche Rechnerkapazitäten notwendig, um die Darstellung aller Abhängigkeiten in einem adäquaten Zeitverhalten für den Planer zu präsentieren.

Der in der Netzplantechnik erzeugte kritische Pfad baut auf aneinandergereihte Aufträge auf, die Summe der Zeiten von Vorgängen auf dem kritischen Pfad bestimmen die gesamte Länge der Revision. Da jedoch die Zeiten zur Revisionsplanung erheblichen Ungenauigkeiten unterliegen können, verschlechtert sich die Gesamtplanungsaussage mit der Anzahl der in Abhängigkeit stehenden Aufträge. Der Vorteil der Darstellung von Abhängigkeiten wandelt sich somit zum Nachteil in der Planungsqualität.

Die Planung auf Basis des kritischen Pfades verlangt die exakte Einhaltung der geplanten Arbeiten auf unterster Detaillierungsebene. "Die strenge innere Logik der NPT (Netzplantechnik, d. Verf.) unterstellt, daß erst alle Vorgänge abgeschlossen sein müssen, bevor der Nachfolger beginnen kann." /ROH 93, S. 16/ Eine Überschreitung eines Vorganges auf dem kritischen Pfad hat sofort eine Verlängerung der Revision zur Folge. Die Einhaltung der Zeiten bedingt eine zeitnahe Überwachung, die manuell nicht erreicht werden kann. Idealerweise sind zur Darstellung der aktuellen Situation minutengenaue bzw. sehr zeitnahe Rückmeldeinformationen notwendig, um eine exakte Neuplanung zu generieren. Dies ist realistischerweise von den Revisionsausführenden nicht zu verlangen und auch bei DV-technischer Unterstützung bleibt dies sehr kritisch [3.8].

3.8   Die Rückmeldung erfolgt im Instandhaltungssystem mit der Problematik, daß die Rückmeldung dem Mitarbeiter nur wenig offensichtlichen Nutzen bringt. Der Mitarbeiter sieht keine Notwendigkeit, auf die Datengüte zu achten. D.h. nur die unmittelbar für ihn wichtigen Informationen sind gepflegt, weitere für die Revisionsplanung wichtige Daten werden nur unzureichend geführt.

Außerdem sind Planer und Ausführender durch das Auftragsnetz gebunden, flexible Eingriffe und Abweichungen sind durch die hohe und starre Vernetzung auf ihre Auswirkungen hin nur schwer überschaubar. "Dies führt in der Praxis immer dann zu Planungsproblemen, wenn Arbeiten zeitlich überlappend ausgeführt werden (sollen), weil die reine Aneinanderreihung zu einer langen Gesamtdauer führen würde." /ROH 93, S. 16/

Selbst die Berücksichtigung stochastischer Größen bringt keinen eklatanten Gewinn, da die Ungenauigkeitssprünge zu groß sind. "So sehr sich ein Projekt-Praktiker beinahe täglich vertrauenswürdige Antworten auf diese Fragen /nach den Methoden zur Behandlung von Unsicherheiten im Terminplan, d. Verf./ wünscht, so sehr wurde er bisher (und wohl auch in Zukunft) von Methoden-Entwicklern enttäuscht. Es gibt keine praktisch brauchbaren Methoden; bereits existierende EDV-Software, in der entsprechende Algorithmen programmiert wurden, sind in der Praxis schon seit langem bedeutungslos geworden." /MÜL1 89, S. 291 f./ Insbesondere der PERT-Methode, bei der "erhebliche methodische Bedenken bestehen, kann den gelieferten Antworten auf die erwähnten Fragen (siehe oben, d. Verf.) in der Praxis nicht generell das erforderliche Vertrauen entgegengebracht werden." /MÜL1 89, S.293/

Somit ist grundsätzlich die Verwendung des kritischen Pfades in Frage zu stellen, denn damit wird versucht, deterministisch und so detailliert wie möglich zu planen. " Hier zeigt sich geradezu ein konstitutives Konfliktzentrum ... . Dabei geht es nicht nur um den instrumentellen Einsatz von Netzplänen, sondern um die Verfügung über das ganze Spektrum prozeduraler Vorschriften wie Algorithmen, Flußdiagramme, Blockschaltbilder u. dgl.. Hinter dem Versuch, mit solchen Techniken das praktische Geschehen zu determinieren, steht das klassische Ideal der kontrollierten Produktionsweise. Es ist jenes Leitbild der industriellen Fabrikation, deren spürbarste Ausprägung die Taylorisierung der menschlichen Arbeitsabläufe war ... " / BAL 89, S.1044 /

3.1.2. EDV-Systeme

3.1.2.1. Projektmanagementsysteme mit Verwendung der Netzplantechnik

Die Anwendungsgebiete der Projektmanagementsysteme mit Verwendung der Netzplantechnik sind sehr vielfältig, eine Auswahl gibt /DÜR 88, S. 183/ :

" Planung, Bau, Überwachung und Wartung von Großprojekten wie Brücken, Autobahnen, Fabriken, Kraftwerken, Raffinerien, Pipelines, Universitäten, Hüttenwerken, Schiffen, Flugzeugen usw.

Entwicklung von neuen Produkten, z.B. Datenverarbeitungsanlagen, Flugzeugen, Turbinen, Waffensystemen usw.

Organisation und Planung von Betriebsverlegungen, Wahlkämpfen, Reparaturen, Marketing-Aktionen, Manövern, Planungsprozessen usw. " .

Zur Revisionsplanung und -steuerung werden Projektmanagementsysteme unter Anwendung der Netzplantechnik [3.9] beispielsweise bei der CEBG [3.10] eingesetzt, das "im Kraftwerk erstellte Stillstandsprogramm wird mit Hilfe der Netzplantechnik vorbereitet" /SMA 89, S.663/. /BIN 90/ weist ebenfalls auf die Möglichkeit des Einsatzes von Projektmanagementsystemen hin, wobei er eine Kombination aus Instandhaltungssystemen mit Projektmangementsystemen vorschlägt, die über genau spezifizierte Schnittstellen dieser Systeme realisiert ist.

Projektmanagementsysteme umfassen die Projektplanung auf Basis von Projekt-zielen, die Projektsteuerung und -überwachung sowie die eigentliche Projekt-durchführung, d.h. die Ausführung der Projekttätigkeiten. Die Aufgaben des Projektmanagements liegen insbesondere im Koordinieren, Kommunizieren und Führen des Projektes, das in den Phasen

☐ Projekt-Anlaufphase

☐ Projekt-Organisationsphase

☐ Projekt-Definitionsphase

☐ Projektabwicklungsphase und

☐ Projekt-Auslaufphase [3.11]

abläuft. Projektmanagementsysteme unterstützen das Management bei der Durchführung von Projekten über alle Phasen des Projektes hinweg, wobei der Schwerpunkt in der Projektabwicklungsphase liegt [3.12]. Dabei basieren sie auf dem Verfahren der Netzplantechnik. Zur Revisionsplanung und -abwicklung wird nur die 4. Phase - Projektabwicklung - des Projektmanagements zur "Planung der Leistungserbringung, der Verteilung von Aufgaben, Verantwortun-gen und der Überwachung und Steuerung der Leistungserbringung" /PAT 89, S.56/ angewendet.

3.9 "In den U.S.A. werden Anlagenstops /Revisionen, d. Verf./ besonders im Bereich Utilities (Gas, Wasser, Strom) seit vielen Jahren mittels Projektmanagementsystemen erfolgreich geplant." /BIN 90, S. 171/ Ein wesentlicher Bestandteil dieser Projektmanagementsysteme ist die Netzplantech-nik /DWO 92/. "Das im Kraftwerk erstellte Stillstandsprogramm wird mit Hilfe der Netzplantechnik vorbereitet. " / SMA 89 S. 663/

3.10 Central Electricity Generating Board, London; /SMA 89/

3.11 Die Auflistung ist aus /PAT 89, S. 55 ff/ übernommen.

3.12 Für die anderen Phasen werden zwar ebenfalls Unterstützungsfunktionen angeboten, die sich jedoch im wesentlichen auf Listen, Graphiken und Auswertungen insbesondere der Kosten beschränken.

Die wesentlichen Funktionen der auf dem Markt angebotenen Projektmanagementsoftware sind:

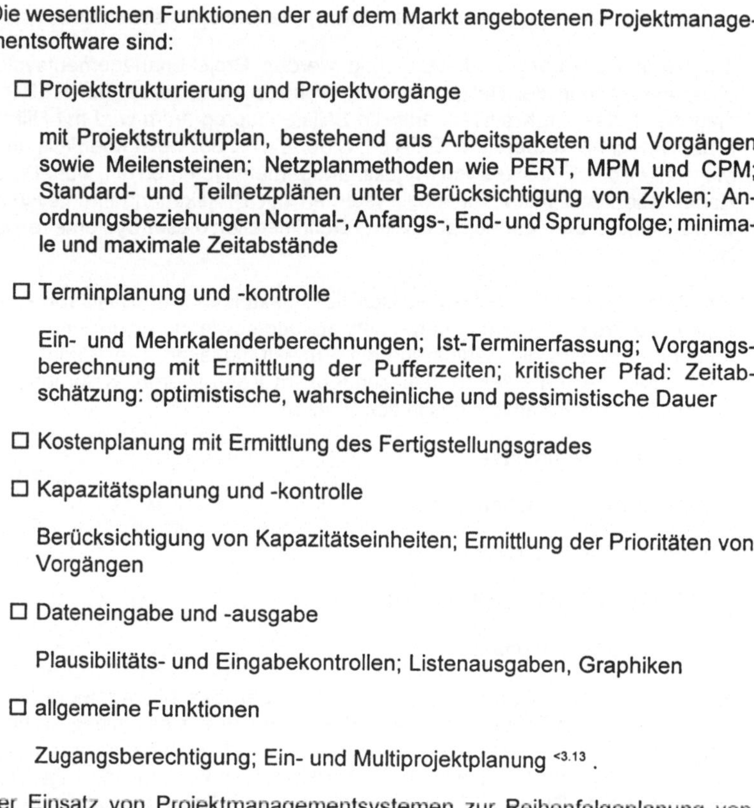

☐ Projektstrukturierung und Projektvorgänge

mit Projektstrukturplan, bestehend aus Arbeitspaketen und Vorgängen sowie Meilensteinen; Netzplanmethoden wie PERT, MPM und CPM; Standard- und Teilnetzplänen unter Berücksichtigung von Zyklen; Anordnungsbeziehungen Normal-, Anfangs-, End- und Sprungfolge; minimale und maximale Zeitabstände

☐ Terminplanung und -kontrolle

Ein- und Mehrkalenderberechnungen; Ist-Terminerfassung; Vorgangsberechnung mit Ermittlung der Pufferzeiten; kritischer Pfad: Zeitabschätzung: optimistische, wahrscheinliche und pessimistische Dauer

☐ Kostenplanung mit Ermittlung des Fertigstellungsgrades

☐ Kapazitätsplanung und -kontrolle

Berücksichtigung von Kapazitätseinheiten; Ermittlung der Prioritäten von Vorgängen

☐ Dateneingabe und -ausgabe

Plausibilitäts- und Eingabekontrollen; Listenausgaben, Graphiken

☐ allgemeine Funktionen

Zugangsberechtigung; Ein- und Multiprojektplanung [3.13] .

Der Einsatz von Projektmanagementsystemen zur Reihenfolgeplanung von Revisionstätigkeiten wirft eine prinzipielle Unlogik auf. Beim Projektmanagement wird von einem definierten Anfang und Ende eines vollständigen Projektes ausgegangen wie beispielsweise der Erstellung eines Kraftwerkes von der Planung über die Erstellung bis zur Übergabe an den Betreiber [3.14]. Damit beinhaltet der Begriff Projekt ein in sich abgeschlossenes, eigenständiges Vorhaben [3.15]. Entsprechend verlangen Projektmanagementsysteme jeweils eine Neudefinition der Revision als abgeschlossenes Projekt ohne zu berücksichtigen, daß Revisionen in den Gesamtablauf der Instandhaltung eines

---

3.13 Die Auflistung der Funktionen ist aus /DWO 92/ entnommen.

3.14 /MOT 89, S. 509/ führt als Beispiel für die Anwendung des Projektmanagements den Bau der Kernkraftwerke Isar 2, Emsland und Neckarwestheim 2 an.

3.15 Vergleiche hierzu die in -> Kapitel 1.2.1. getroffene Definition.

Kraftwerkes mit hohem Anteil sich wiederholender Tätigkeiten eingebunden sind. Projektmanagementsysteme sind dagegen auf die Planung und Durchführung von 1-maligen Projekten ausgelegt. Somit kann der sich wiederholende Anteil an Tätigkeiten in Projektmanagemantsystemen nur suboptimal abgebildet werden.

Projektmanagementsysteme können mit Hilfe der Netzplantechnik die Vorgänge zu einer Revision anzeigen und einen kritischen Pfad ausweisen. Um jedoch ein gutes Planungsergebnis zu erzielen, ist ein hoher Detaillierungsgrad zur Abbildung aller Kapazitätsgruppen notwendig. Dabei besteht die Gefahr, den Überblick zu verlieren, da die Vernetzung in der Regel einen nicht mehr überschaubaren Umfang annimmt. Anders ausgedrückt verlangt die Darstellung einer sehr hohen Vorgangsmenge, wie sie bei der Revision anfällt, sehr gute Verdichtungsmöglichkeiten zur Reduzierung der gesamten Planungskomplexität. Projektplanungssysteme bieten zwar grundsätzlich die Möglichkeit der Verdichtung von Vorgängen über Sammelvorgänge. Die Verdichtungsebenen müssen aber bei der Definition der Tätigkeiten explizit angegeben werden. Die Verwendung einer kraftwerkspezifischen Struktur wie beispielsweise der KKS-Struktur ist aber in Projektmanagementsystemen nicht vorgesehen, da sie eine spezifische Strukturierung mit ganz speziellem Nummern- und Klassifikationsaufbau darstellt.

Bei der Reihenfolgeplanung geht es im wesentlichen um zwei Fragestellungen:

☐ Wie wird effektiv ein erstes Terminplanungsgerüst (Reihenfolge der Vorgänge) aufgebaut ?

☐ Welche Unterstützung wird in der kreativen Planungsphase [3.16] angeboten, wenn ein erstes Terminplanungsgerüst vorliegt ?

Für die Projektplanungssysteme lautet die Antwort, daß sie zum Erstaufbau einer Reihenfolge nur zur Darstellung der Abhängigkeiten und zur Visualisierung geeignet sind. "Die Bereiche der inhaltlichen, technischen Planung ... wird von diesen Systemen gar nicht unterstützt" /BIN 90, S. 174/. Die Definition der Tätigkeiten und der Abhängigkeiten muß explizit erfolgen, dafür bieten Projektplanungssysteme keine Unterstützung.

3.16   "Im Vordergrund der Projekt-Zeitanalyse sollten normalerweise nicht die ... Berechnungen stehen. Diese liefern im allgemeinen eine umfangreiche Menge an quantitativen Informationen, Termin- und Zahlenmaterial. Die kreativ-planerisch entscheidende Aufgabe besteht vielmehr in der Auswertung und Interpretation dieser, meist durch Berechnung erhaltenen Daten. Erst dabei wird die gestalterische Funktion eines effektiven Projektmanagements erkennbar und wirksam. Hierbei spielt die genaue Analyse der errechneten Pufferzeiten eine viel wichtigere Rolle als diejenige der in den sogenannten "Vorwärts"- und Rückwärts-Rechnungen ermittelten frühesten und spätesten Zeitpunkte / Termine." /MÜL1 89, S.288/

Die kreative Phase soll der kritische Pfad mit dem Aufzeigen von freien Pufferzeiten unterstützen. Die Arbeit mit dem kritischen Pfad benötigt jedoch exakte und genügend differenzierte Vorgangszeiten. Diese zu erstellen und qualifiziert zu pflegen ist mit konventionellen Methoden praktisch nicht durchführbar. Bei der Verwendung des kritischen Pfades besteht außerdem die Tendenz, zu restriktiv zu planen. Es wird zwar ein mehr oder weniger gutes Planungsergebnis erzielt, die Relevanz für die Praxis muß jedoch in Frage gestellt werden. Die kreativen Freiräume, die ein Planer zur Beherrschung der komplexen Thematik Revisionsplanung und -steuerung benötigt, werden zu wenig unterstützt. " Die anfänglich für eine konsequente Handlungsorientierung förderliche, systematische Behandlung von Projektzielen - insbesondere durch die weitestgehende Einbeziehung von Kosten- und Terminzielen - läuft Gefahr, daß dadurch kreative Spielräume und innovative Handlungsfelder beschnitten bzw. nicht "ausgeschöpft" werden. " / BAL 89, S.1046 /

3.1.2.2. Instandhaltungssysteme

DV-unterstützte Instandhaltungssysteme (IHS) werden mittlerweile in vielen Instandhaltungsorganisationen der unterschiedlichsten Branchen [3.17] zur Unterstützung der Ablauforganisation eingesetzt. Sie dienen zur Steuerung des Instandhaltungsablaufes und als Datensammler. /SIH1 92/ unterscheidet den Einsatzzweck dieser Systeme zur Informationserfassung, zur Informationsaufbereitung und zur Informationsversorgung [3.18]. Als wesentliche Anwendungsgebiete sieht /SIH2 92, S.493/ eine " EDV-Unterstützung in erster Linie für die administrativen Funktionen

> Objektverwaltung, Auftragswesen, Materialwirtschaft, Kostenwesen und Auswertungen

..., bei denen sich aufgrund des Datenvolumens, bzw. sich wiederholender und zeitaufwendiger Arbeiten ein direkter Nutzen ableiten läßt."

Somit umfassen Instandhaltungssysteme alle Bereiche der Instandhaltungsablauforganisation. Als Beispiel der Funktionalität sind die wesentlichen Funktionen exemplarisch an einem Instandhaltungssystem in -> Abbildung 3.1 darge-

---

3.17 Nach einer vom Fraunhofer-Institut für Produktionstechnik und Automatisierung (IPA) in Zusammenarbeit mit der Zeitschrift Instandhaltung durchgeführten Leserumfrage konnten 13 verschiedene Branchen unter den Anwendern unterschieden werden. Es zeigte sich, daß insbesondere die Chemieindustrie schon über langjährige Erfahrung (durchschn. 18 Jahre) verfügt, die durchschnittliche Einsatzdauer in Energieversorgungsunternehmen liegt bei 8 Jahren /IPA 92, S. 12/.

3.18 Unter Informationserfassung versteht /SIH1 92/ im wesentlichen die Erfassung der Daten für Objekte, Arbeitsgruppen, Arbeitspläne, Materialien und Ersatzteile sowie die verrichtungsbezogene Auftragsplanung und -steuerung. Zur Informationsaufbereitung gehört die Verarbeitung und Aufbereitung dieser Daten für Analysen und Auswertungen, die für unterschiedliche Fragestellungen, wie beispielsweise Historie, Materialinformation und Kostenübersicht, herangezogen werden (Informationsversorgung).

stellt. Gegenwärtig sind nach /THO 92, S. 43/ über 60 Standardinstandhaltungs-systeme auf dem Markt. Hierbei handelt es sich um Systeme, die für die verschiedensten Branchen einsetzbar oder ggfs. anpassbar sind.

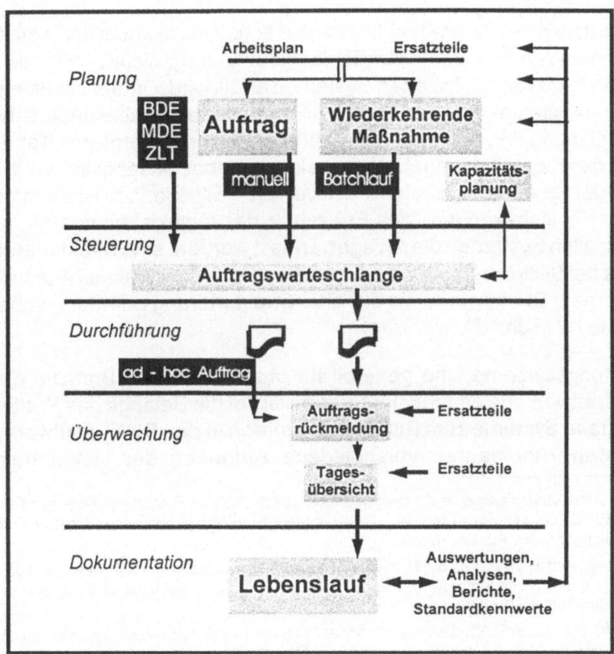

Abbildung 3.1: Funktionen eines Instandhaltungssystemes am Beispiel des Auftragsablaufes / IPA 95/

Alle Instandhaltungssysteme arbeiten nach dem Prinzip der Generierung von Aufträgen über das System, wenn Arbeiten an den Instandhaltungsobjekten durchzuführen sind. Die Generierung erfolgt auf Basis eines Zyklus (Zeit oder technischer Parameter) automatisch durch das System oder explizit manuell durch einen Planer. Dazu müssen die Instandhaltungsobjekte (Stammdatener-fassung) sowie die durchzuführenden Tätigkeiten (Arbeitspläne, Aufträge, etc.) dem System bekannt sein. Die Einsteuerung der Arbeiten zur Ausführung durch einen Instandhaltungswerker erfolgt mittels eines Auftragspapieres, auf dem der

Werker seine Arbeitsanweisungen erhält. Nach Ausführung der Arbeiten wird die Durchführung in Form einer Rückmeldung protokolliert, in der alle relevanten Informationen [3.19] erfaßt werden. Die Rückmeldung dient als Basis für den Lebenslauf des Instandhaltungsobjektes, aus dem Auswertungen und Analysen generiert werden können (-> Abbildung 3.1).

Die Unterstützung des Auftragsablaufes, wie er hier vereinfacht dargestellt wird, ist eine zentrale Aufgabe der Instandhaltungsablauforganisation [3.20], die nach / THO 92/ von fast allen analysierten Systemen erfüllt wird. Unterschiede ergeben sich in der Ausgestaltung der einzelnen Funktionen, insbesondere bei der Kapazitätsplanung [3.21]. So können zwar über 50% der Systeme den Kapazitäts-bedarf und das Kapazitätsangebot ermitteln, ein Kapazitätsabgleich wird jedoch nur von 9% der Systeme angeboten. Positiver ist die Situation bei der Stammdaten-erfassung [3.22], insbesondere der Erfassung der Objektstammdaten [3.23]. So können von allen Systemen die Anlagen erfasst werden, eine Strukturierung der Anlagen ist bei 98% der Systeme bis zu 3 Ebenen möglich, eine Strukturierung von 6 oder mehr Ebenen, wie sie die KKS-Strukturierung erfordert, ist bei 62% der Systeme möglich [3.24].

Instandhaltungssysteme sind generell für unterschiedliche Branchen ausge-richtet. In Kraftwerken kommen häufig speziell auf die Belange des Kraftwerkes zugeschnittene Systeme zum Einsatz. So wurden in den RWE-Kraftwerken [3.25] schon in den 70er Jahren verschiedene Aufgaben der Instandhaltungs-

---

3.19   Dazu gehören beispielsweise die benötigte Zeit, die benötigten Ersatzteile, eine kurze Beschrei-bung der durchgeführten Tätigkeit, die Ursache der Störung oder des Schadens und eine Kennzeichnung des Ausführenden.

3.20   Dies zeigt sich in /IPA 92, S.12/, wonach die Auftragsverwaltung nach der Funktion Objekt-verwaltung in Energieversorgungsunternehmen am längsten eingesetzt wird. Ähnlich verhält es sich in den übrigen Branchen.

3.21   Bei /THO 92/ wird lediglich davon gesprochen, daß der Kapazitätsbedarf bzw. das Kapazitätsan-gebot durch die Systeme ermittelt werden kann, über die Art und Weise, die Benutzerfreundlichkeit und die Restriktionen bei großen Datenmengen, wie sie bei einer Revision anfallen, wird nicht berichtet.

3.22   Die Objektverwaltung ist bei den Energieversorgungsunternehmen sowie in vielen anderen Branchen auch die am längstem genutzte Funktion beim Einsatz von Instandhaltungssystemen / IPA 92, S.12/.

3.23   Über die Form der Abspeicherung der Anlagendaten, insbesondere der Strukturierungsnummern wird nichts ausgesagt. Deshalb muß in Frage gestellt werden, ob alle angesprochenen Systeme in der Lage sind, die KKS-Nummer in ihrer Länge und in ihrer Logik abzuspeichern.

3.24   Anmerkung 3.23 gilt insbesondere auch für die Strukturierung. Die Darstellung von 6 Strukturierungs-ebenen sagt noch nicht, daß die Systeme die Ebenen der KKS entsprechend der KKS-Logik darstellen und verarbeiten können.

3.25   RWE-Energie AG, Essen; die weiteren Ausführungen beziehen sich auf /HEE 90/.

3.26   Host-Systeme sind Großrechnerlösungen, wie sie in den 70er und 80er Jahren üblich waren. Sie zeichnen sich durch Stapelverarbeitung mit im Vergleich zu heute üblichen PC-Windows Oberflä-chen sehr komplizierter Benutzerführung aus. Bei der RWE wurden mit dieser Technologie "Abrechnungssysteme, Lagerverwaltungssysteme, Erfassungssysteme, Auswertungs- und Berichtssysteme sowie Text- und Auskunftsysteme" /HEE 90, S.470/ gestaltet, die jedoch noch erheblich zu verbessern waren. "Gleich mit den ersten Anwendungserfahrungen stellte sich heraus, daß der Dynamik des Instandhaltungsprozesses so nicht Rechnung getragen werden konnte" /HEE 90, S.470/.

organisation über Host-Systeme abgewickelt [3.26]. Die Entwicklung wurde permanent fortgeführt zu einem integralen Instandhaltungssystem, welches die verschiedenen Stufen in der Software- und Hardwareentwicklung genutzt hat, daran permanent angepaßt und in der Funktionalität weiterentwickelt wurde. Dabei standen im wesentlichen Eigenentwicklungen im Vordergrund, die neben den typischen Funktionalitäten entsprechend den oben beschriebenen "allgemeinen Instandhaltungssystemen" auch kraftwerkstypische Funktionalitäten beinhalten wie beispielsweise die Berücksichtigung von Freischaltmaßnahmen oder umfangreiche Anlagendokumentationsmodule -> Abbildung 3.2.

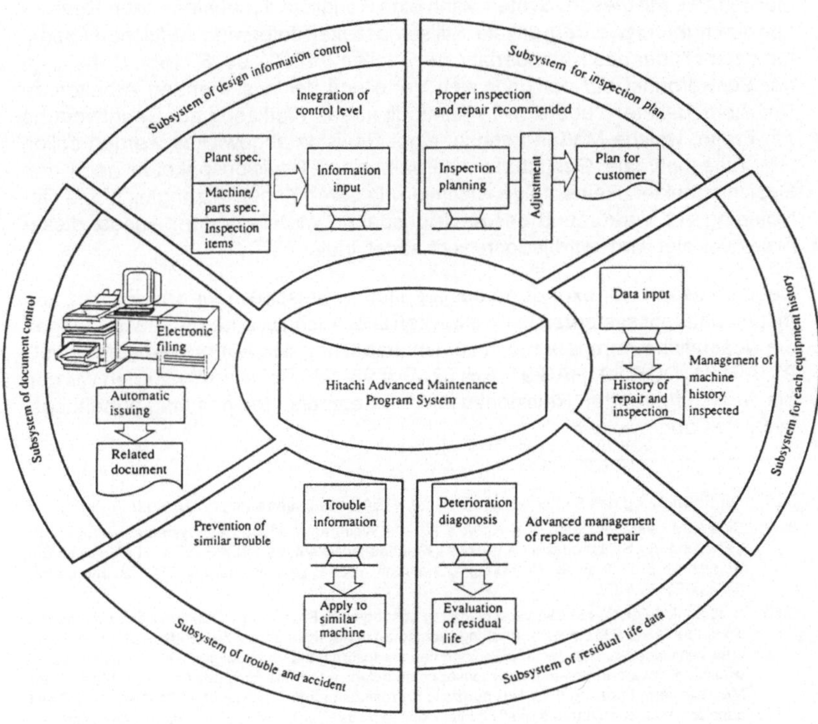

Abbildung 3.2: "Conception of Hitachi Advanced Maintenance Program System" /ARI 91, S.91/

Festzuhalten bleibt jedoch, daß bei dem RWE - System die wesentliche Funktionalität in der Gestaltung des Auftragsablaufes liegt, zu einem voll integrierten System sind weitere spezielle Werkzeuge wie beispielsweise zur Ablauf- und Terminplanung von Revisionen sukzessive anzubinden. Ähnlich verhält es sich mit der Funktionalität des STEAG Instandhaltungssystemes, bei dem neben den Funktionen zum Auftragsablauf insbesondere die KKS und AKZ - Systematik zum Aufbau des Anlagenverzeichnisses genutzt wird. Darüberhinaus stehen spezielle Funktionen zur Signalverwendung und zur Kabelverfolgung zur Verfügung.

Das System ist als PC-System realisiert, das über Schnittstellen zu kommerziellen Systemen wie Materialwirtschaft und Auftragsabrechnung verfügt. Interessant für den Zusammenhang dieser Arbeit ist ein weiteres PC-System, ein Fuzzy-Expertensystem zur Verteilung von Revisionszeiten bei Kraftwerksblöcken [3.27]. Mit diesem System kann eine Rangliste der anstehenden Revisionen durchgeführt werden, um die "Stillstandszeiten unter wirtschaftlichen Aspekten optimal über das Kalenderjahr zu verteilen" /VERW 93, S. 195/. Dabei liegt der Schwerpunkt auf der optimalen Verteilung der anstehenden Arbeiten zu Revisions"paketen" übers Jahr. Somit dient das Werkzeug zur Beantwortung der Frage, welche Maßnahmen zu einer Revision abgewickelt werden sollen [3.28]. Eine optimale Gestaltung innerhalb eines Revisionspaketes nach den Gesichtspunkten Reihenfolge, Optimierung durch Kapazitätsabgleich und Optimierung zur Verkürzung der Revisionsdauer, wie sie in dem Ansatz dieser Arbeit verfolgt wird, wird jedoch nicht abgebildet.

Neben diesen zwei explizit herausgegriffenen Beispielen für den Einsatz von Instandhaltungssystemen in Kraftwerken liegt auch bei anderen Anwendungen die wesentliche Komponente in der Unterstützung des Auftragsablaufes /ANO 93, ARI 91, DOB 89, HAS 91, SHI 92, SHI 93/ [3.29]. Bei allen Systemen werden die durchzuführenden Revisionen mit den Komponenten des Instandhaltungssystemes abgewickelt.

3.27 Zur Entwicklung des Systemes WISENT der STEAG AG Essen siehe /VERW 93/.

3.28 Dies wird bestätigt durch den Hinweis auf die Weiterentwicklung des Systemes. "Neben der Verteilung der Stillstandszeiten über das Kalenderjahr plant die STEAG AG zukünftig auch den Bereich der Ermittlung von Revisionsmaßnahmen in das Expertensystem WISENT zu integrieren" /VERW 93, S. 197/.

3.29 Unterschiede gibt es in den verschiedenen Lösungen im Prozess der Definition eines Auftrages. So ist bei /ANO 93/ ein nach Kostengesichtspunkten optimierendes Zustandserfassungssystem entwickelt worden, aus dem die Maßnahmen zur Instandhaltung abgeleitet werden. Bei /HAS 91/ wird der Schwerpunkte auf Inspektionsberichte gelegt, wobei hier die spezifische Problematik der Meerwasserentsalzung über eine spezielle Korrosionsdatenerfassung abgebildet wird. Die Erfassung des Anlagenzustandes spielt ebenfalls eine wichtige Rolle bei der Definition von Instandhaltungsaufgaben, wie dies in /SHI 92/ durch ein eigenständiges System sowie bei /SHI 93/ durch die Diagnose nach zuverlässigkeitsorientierten Gesichtspunkten unter Ausnutzung einer erweiterten FMEA-Analyse (failure mode and effects analysis) erfolgt. Zum Stand der Systeme zur technischen Meßwertaufnahme und Diagnose in Kraftwerken siehe beispielsweise /HAR 92, HUE 90, KOL 91, KRÜ 92, LEN 91, MOR 91, SCHE 91, SER 92, THI 92, VAL92, WIE 90, YAM 91/

Inwieweit sind nun Instandhaltungssysteme zur Revisionsplanung und -durchführung geeignet, bzw. inwieweit können sie Projektmanagementsysteme sinnvoll ergänzen [3.30] ?

Zur Definition von Tätigkeiten bieten sich IHS geradezu an, da in ihnen die Stammdaten der Kraftwerkskomponenten abgelegt sind, somit alle notwendigen Informationen bereitstehen und eine Tätigkeitszuordnung innerhalb des gleichen Systemes erfolgen kann. Trotzdem bleibt auch mit dem Einsatz eines Instandhaltungssystemes die Erstellung und Pflege qualifizierter Daten wegen des beachtlichen Aufwandes problematisch.

Durch den Einsatz von Instandhaltungssystemen wird versucht, die Informationstransparenz im Instandhaltungsablauf zu erhöhen, um den Kreislauf von Planung, Steuerung, Durchführung und Überwachung aufzuzeigen und soweit möglich die Kosten und Auswirkungen für den Betriebsablauf darzustellen und Argumente für Gegenmaßnahmen zu erhalten.

So bieten IHS beispielsweise gute Möglichkeiten zur Beschreibung der durchzuführenden Aktivitäten in Arbeitsanweisungen bzw. Arbeitsplänen oder schaffen Verbindungen zur Materialwirtschaft durch Auflistung des benötigten Materials zu einer Aktivität. Zudem haben diese Systeme recht komplexe Funktionen zur Abbildung der Zyklussteuerung für geplante Maßnahmen wie Inspektionen und Wartungen. Dies sind jedoch Funktionen, die im Vorfeld einer Revision liegen und für die eigentliche Revisionsplanung und -steuerung keine Bedeutung haben.

Instandhaltungssysteme können die Revisionsabwicklung nur bedingt unterstützen, da sie kein Instrumentarium besitzen, die Vernetzung zwischen den Arbeiten einer Revision zu erzeugen und darzustellen, wie dies beispielsweise mit der Netzplantechnik möglich ist. Ein IHS kann zur Revision nur sinnvoll eingesetzt werden zur groben Steuerung des Auftragsablaufes. Mit diesem Werkzeug können Arbeitspläne und Aufträge erstellt und in den Ablauf eingesteuert, Auftragsrückmeldungen eingegeben und die Informationen über die Durchführung der Arbeiten gesammelt werden. Eine kurzfristige, zeitnahe Steuerung der Revision ist zwar mit diesem Werkzeug prinzipiell möglich, aber nur suboptimal gelöst, denn eine übersichtliche Visualisierung des Planungsstandes der Revision ist nicht möglich. Der Planer bekommt keine informatorischen Hilfsmittel zur Verfügung gestellt, die ihm die Auftragsreihenfolge vorschlagen und die Auswirkungen auf die Kapazitätsplanung anzeigen. Es erfolgt in der Regel auch keine softwareergonomische Unterstützung durch die Systeme z.B. durch graphische Darstellungen der Abhängigkeiten.

3.30   Instandhaltungssysteme und Projektplanungssysteme ergänzen sich: "Betrachtet man die ... Vor- und Nachteile der beiden Systeme, so kann man erkennen, daß der kombinierte Einsatz beider Systeme die aufgezeigten Mängel kompensiert." /BIN 90, S. 177/

Bezogen auf die eingangs gestellte Frage läßt sich feststellen, daß Instandhaltungssysteme sehr viel Informationen zur Verfügung stellen können und daß sie somit zur Aufbereitung der ersten Reihenfolge und insbesondere zur Definition der durchzuführenden Tätigkeiten sinnvoll eingesetzt werden können. Für die Darstellung der Vorgangsreihenfolge und insbesondere zur Unterstützung in der kreativen Phase der Planung reicht ihre Funktionalität jedoch nicht aus. Instandhaltungssysteme "decken ... die Anforderungen, die bei der technischen Planung einer Revision gestellt werden, sehr gut ab. Im Bereich der Kapazitäts- und Terminplanung sind diese Systeme oft sehr mangelhaft." /BIN 90, S. 176/ [3.31]

3.1.3. Manuelle Ablaufplanung

Neben dem Einsatz mathematischer Verfahren und technischer Hilfsmittel besteht durchaus die Möglichkeit, eine Revision manuell, relativ grob zu planen und zu steuern. Dies war in der weiter zurückliegenden Vergangenheit notwendig, zu der Zeit als es noch keine DV-Unterstützung und Netzplantechnik gab. Aber auch heute werden Revisionen manuell geplant, obwohl die Schwierigkeit im Umgang mit den großen Datenmengen und der permanenten Dynamik im Revisionsgeschehen während des Revisionsablaufes besteht.

So schlägt beispielsweise /ROH 93/ eine Verfahrensweise vor, bei der davon ausgegangen wird, "daß grundsätzliche Abhängigkeiten dem Projektleiter bekannt sind und von ihm beherrscht werden. ... Die dazugehörige Planungsmethode ... bedient sich eines einfachen Formblattes. Diese Form wurde gewählt, da die Prinzipien so einfach zu erläutern sind." /ROH 93, S. 17/

So abwegig zwar eine manuelle Planung im Hinblick auf die Möglichkeiten moderner Computersysteme erscheint, so besteht jedoch durchaus die Notwendigkeit, über das manuelle Planen erneut nachzudenken. " Die Grundtendenz heutigen Projektmanagements ist die Planlastigkeit des Handelns. " /BAL 89, S. 1046/ Dort, wo die Rahmenbedingungen zu starr gesetzt sind, sind spektakuläre Mißerfolge zu verzeichnen. " Die Einmaligkeit und Geschichtlichkeit von Projektabläufen soll durch Organisations- und Steuerungsprinzipien beherrschbar gemacht werden, die ursprünglich im Bereich stationärer Produktionsweisen zur Geltung kamen. Dieses an und für sich schon inadäquate Verhältnis gewinnt aber seine Schärfe erst dadurch, daß formalisierte Regelungen und Ablaufmodelle mit dem Anspruch verbunden werden, damit chaotische, unübersichtliche, turbulente Prozesse verhindern zu wollen. Hochgradig disziplinierte und damit in Kosten-Nutzen-Verhältnissen ausgewogene Prozeduren gelten als überlegene Handlungsweise. Und tatsächlich können hierfür als Beleg heraus-

---

3.31   Unter "technischer Planung" versteht /BIN 90, S. 176/: "Von entscheidender Bedeutung für eine effiziente und termingerechte Abwicklung der Revisionstätigkeiten ist eine möglichst genaue technisch-inhaltliche Planung der durchzuführenden Tätigkeiten. Diese Planung erfolgt über die strukturierten Arbeitspläne des Instandhaltungssystems."

ragende Praxisbeispiele angeführt werden. So werden immer wieder mißlungene Großbauvorhaben genannt, etwa nicht funktionierende Kernkraftwerke oder spektakuläre Bauvorhaben, in denen chaotische Verhältnisse, Kostenexplosionen, extreme Terminüberschreitungen bzw. schwerwiegende Qualitätsmängel bedingt haben. " /BAL 89, S. 1045 /

Manuelles Planen hilft, diese Planlastigkeit zu überwinden und den prinzipbedingten Determinismus zurückzudrängen. Damit rückt der Planer wieder in den Vordergrund. Ein rein manuelles Planen stößt dagegen sehr schnell an Grenzen, ganz einfach bedingt durch die großen, zu verarbeitenden Datenmengen.

3.2. Optimierung durch Kapazitätsabgleich

Zur Systematisierung des Kapazitätsabgleiches geben /DOM 91/ eine mathematische Formulierung an, die sie als "Grundmodell der Kapazitätsplanung" bezeichnen. Durch unterschiedliche Zielfunktionen lassen sich anhand des Grundmodells unterschiedliche Fragestellungen lösen [3.32]. In /GEW 72, MÜL2 89 und NEU 93/ wird die Zielfunktion des Kapazitätsplanungsproblemes differenziert in die "Nivellierung des Einsatzmittelbedarfes" und in die "Minimierung der Projektdauer bei vorgegebener Einsatzmittelkapazität" [3.33] /NEU 93, S. 508 und S. 515/.

/DOM 91/ differenzieren das Grundmodell in diskrete und kontinuierliche, erneuerbare und nicht erneuerbare Ressourcen [3.34] und berücksichtigen die

---

3.32 /DOM 91/ geben folgende Zielfunktionen an, für die das Modell seine Gültigkeit behält:

Minimierung des Projektendes, Minimierung der durchschnittlichen, gewichteten Verspätung der Vorgänge; Minimierung der Anzahl der verspäteten Vorgänge; Minimierung der durchschnittlichen, gewichteten Bereitstellungszeit der Vorgänge; Minimierung der Kosten des Gesamtverbrauchs an nicht erneuerbaren Ressourcen; Maximierung des Barwertes von Rückflüssen (bei Beendigung eines Vorganges)

Die zweite in der Literatur für das Kapazitätsplanungsproblem neben der "Reduzierung der Projektdauer" häufig angegebene Unterscheidung "Nivellierung des Kapazitätsbedarfes" entspricht der Zielfunktion "Minimierung der durchschnittlichen, gewichteten Bereitstellungszeit der Vorgänge".

3.33 Die vorgegebene Einsatzmittelkapazität entspricht der Kapazitätsgrenze bzw. dem Kapazitätslimit.

3.34 "Erneuerbare Ressourcen sind ... durch eine beschränkte Periodenkapazität gekennzeichnet. Nicht erneuerbare besitzen eine beschränkte Gesamtkapazität ...Beispiele für erneuerbare Ressourcen sind Maschinen oder Personal; beide stehen in aller Regel in jeder Planungsperiode erneut zur Verfügung. Nicht erneuerbare Ressourcen sind z.B. Energie oder finanzielle Mittel, die für die Durchführung eines Projektes zur Verfügung stehen. ... Unter Ressourcenteilbarkeit versteht man die Eigenschaft von Ressourcen, entweder diskret oder kontinuierlich zu sein. Beispiele für diskrete Ressourcen sind Maschinen und Personal ..., kontinuierliche Ressourcen sind beispielsweise Energie und Kapital." /DOM 91, S. 65/

Das Kapazitätsplanungsproblem ist bei der Revisionsplanung nur für diskrete Ressourcen relevant, die Verfahren bei kontinuierlichen Ressourcen werden hier nicht weiter behandelt.

Teilbarkeit von Vorgängen (Vorgangssplitting). Das Grundmodell wird anhand dieser Größen in 3 Stufen erweitert, wobei die Komplexität des Planungsproblemes zunimmt.

Das Grundmodell der Kapazitätsplanung ohne Vorgangssplitting und bei diskreten Ressourcen - Stufe 1 - forciert die frühest mögliche Bearbeitung des letzten Vorganges und damit das frühestmögliche Projektende, die Nebenbedingungen erzwingen die Einmaligkeit der Bearbeitung der Vorgänge, sichern die Einhaltung der Reihenfolgebeziehung zwischen den Vorgängen und verhindern Kapazitätsüberschreitungen.

Zur Lösung zählen /DOM 91/ die Möglichkeit der Formulierung als mathematisches Optimierungsproblem entweder mit ganzzahligen Variablen oder mit Binärvariablen auf [3.35]. Darüber hinaus bestehen spezialisierte exakte Verfahren [3.36] oder heuristische Verfahren nach Prioritätsregeln. Den heuristischen Verfahren nach Prioritätsregeln "ist gemeinsam, daß bei der Einplanung der Tätigkeiten eine bestimmte Reihenfolge unter den Tätigkeiten hergestellt wird, nach der ihre Einplanung versucht wird. Als Kriterien für die Reihenfolgebildung können erstens die Ergebnisse der Terminberechnungen gewählt werden, also

□ frühest möglicher Beginntermin, frühest möglicher Endtermin, spätest zulässiger Beginntermin, spätest zulässiger Endtermin, gesamter Spielraum.

Zweitens können andere mit den Tätigkeiten verbundene Größen benutzt werden wie z. B.:

□ Dauer, Numerierung, Höhe des Arbeitskräfte- und Betriebsmittelbedarfs, Rang." /GEW 72, S. 80 f./

Zur Lösung der Minimierung der Projektdauer nach Prioritätsregeln geben / GEW 72 und NEU 93/ statische und dynamische, serielle und parallele Verfahren an [3.37]. Zur Lösung des Nivellierungsproblemes gehen /GEW 72 und

---

3.35 Der Ansatz mit ganzzahligen Variablen liefert keine Koeffizientenmatrix, weshalb er nicht mit einem Code der ganzzahligen Programmierung realisiert werden kann. /DOM 91/ berücksichtigen ihn deshalb nicht weiter.

3.36 Die Formulierung des Optimierungsproblemes mit ganzzahligen Variablen wurde von Talbot und Patterson verfolgt, den Ansatz mit Binärvariablen beispielsweise von Pritsker. Als exakte Verfahren wurden Lösungen von Davis und Heidorn (erweitertes kürzeste Wege Verfahren), Stinson (branch & bound Verfahren), Talbot und Patterson (ebenfalls branch & bound Verfahren) sowie Balas, Bartus und Radermacher (Konzept disjunkter Pfeile) entwickelt. /DOM 91, S. 66 f./

3.37 Statische Verfahren behalten bei der weiteren Einplanung von Vorgängen die Werte der ursprünglichen Planung bei, während dynamische Verfahren jeweils die sich neu ergebenden Werte verwenden. Bei serieller Planung werden die Tätigkeiten hintereinander eingeplant während bei der parallelen Planung alle zu einem Zeitpunkt relevanten Verfahren berücksichtigt werden. /GEW 72/ schlägt Kombinationen aus statisch-seriellem bzw. statisch-parallelem sowie dynamisch-seriellem bzw. dynamisch-parallelem Vorgehen vor. Darüber hinaus gibt er die Möglichkeit der Zufallsauswahl in Kombination mit den anderen Vorgehensweisen an.

NEU 93/ ebenfalls nach einem heuristischem Verfahren nach Prioritätsregeln vor. /NEU 93/ gibt hierzu einen Algorithmus an, der vereinfacht ausgedrückt die Vorgänge in umgekehrter Reihenfolge unter Ausnutzung der vorhandenen Pufferzeit soweit nach rechts verschiebt, bis entweder der Bedarf die Kapazitätsgrenze nicht übersteigt, oder die Pufferzeit des Vorganges ausgeschöpft ist. Nach dieser Rückwärtsrechnung wird anschließend eine Vorwärtsrechnung in gleicher Art und Weise durchgeführt. "Können innerhalb der gegebenen Pufferzeiten Kapazitätsüberschreitungen nicht oder nur zum Teil abgebaut werden und ist es nicht möglich, zusätzliche Kapazitäten zu beschaffen, gibt es nur noch die Möglichkeit, den Projektendetermin zu verschieben. Durch die dadurch entstehenden zusätzlichen Pufferzeiten kann weiter versucht werden, die Kapazitätsüberschreitungen abzubauen." /MÜL2 89, S. 321 f./

/DOM 91/ erweitern das Grundmodell zur Kapazitätsplanung durch Einbeziehung von "Tradeoffs" [3.38] und der Berücksichtigung von erneuerbaren und nicht erneuerbaren Ressourcen zu einem "allgemeinen (time-resource) Tradeoff-Modell" - Stufe 2 -. Zur Lösung sind hierzu eine "optimale Lösung" , heuristische Schedulingverfahren, Verfahren nach deterministischen Prioritätsregeln und von /DOM 91/ ein stochastisches Konstruktionsverfahren (SKV) [3.39] entwickelt worden.

Wurden bisher nur Verfahren aufgezeigt, die kein Vorgangssplitting berücksichtigen, so läßt sich das Kapazitätsplanungsproblem auch mit Vorgangssplitting - Stufe 3 - als lineares Optimierungsproblem formulieren [3.40] . Zu berücksichtigen ist bei der Zulassung von Vorgangssplitting, daß die Projektdauer durch bessere Nutzung "kleiner Lücken" zwar verkürzt werden kann, daß aber zusätzliche Rüstzeiten und -kosten entstehen können.

Zusammenfassend lassen sich zur Lösung des Grundmodells der Kapazitätsplanung vier Arten von Lösungsverfahren unterscheiden /MÜL2 89, ZIMH 87/:

☐ vollständige Enumeration

Durchrechnen aller Möglichkeiten, was mit erheblichem Rechenaufwand verbunden ist.

☐ Näherungsverfahren

Basieren auf unterschiedlichen Prioritätsregeln, sie werden häufig verwen-

---

3.38   Unter "Tradeoffs" wird die Abhängigkeit zwischen Vorgangsdauer und Ressourcenbeanspruchung verstanden.

3.39   Eine "optimale Lösung" bietet Patterson an (Weiterentwicklung des branch & bound Verfahrens), heuristische Schedulingverfahren finden sich bei Kurtulus und Narula und deterministische Prioritätsregeln werden von Talbot vorgeschlagen. /DOM 91, S.68/

3.40   Hierzu bestehen beispielsweise Arbeiten von Weglarz /DOM 91, S. 72/.

det, da sich der Rechenaufwand begrenzbar hält und ihre Anwendung am praxisgerechtesten ist.

☐ Entscheidungsbaumverfahren

Beispielsweise "branch and bound" - Verfahren, indem eine untere Schranke gesetzt wird und versucht wird, iterativ eine bessere Lösung zu erzielen.

☐ lineares Programmieren

Formulierung des Problemes als LP-Problem mit ganzzahliger Modellformulierung, wobei ebenfalls von einem erheblichen Rechenaufwand ausgegangen werden muß.

Zur Effizienz der mathematisch orientierten Verfahren für die Lösung des Kapazitätsplanungsproblemes bemerken /DOM 91/, daß das zur Lösung der Stufe 1 eingesetzte Verfahren mit Binärvariablen schon bei wenigen Vorgängen an zu hohem Rechenaufwand scheitert, weshalb exakte Verfahren entwickelt wurden. Berechnungsbeispiele zeigen jedoch, daß zwar mit größeren Datenmengen von 50 Vorgängen und drei Kapazitätsarten Lösungen mit realistischen Rechenzeiten unter drei Minuten zu erzielen waren [3.41]. Gemessen an einer realisitischen Vorgangsmenge bei einer Revision von über 10000 Vorgängen und 1000 Kapazitätsgruppen sind diese Verfahren auch bei verbesserter Rechnertechnologie noch völlig ungeeignet. Lösungen lassen sich nur mit den heuristischen Verfahren nach Prioritätsregeln erzielen, die dann allerdings nur als suboptimal angesehen werden können [3.42].

/DOM 91/ zeigen auch bei dem weiter verfeinerten Grundmodell der Stufe 2 die Schwierigkeit der Rechenbarkeit der angegebenen Verfahren auf. So benötigt insbesondere die "optimale Lösung" einen beträchtlichen Rechenaufwand. Der Aufwand von einem Verfahren nach deterministischen Prioritätsregeln und von dem stochastischen Konstruktionsverfahren (SKV) wird in einem Vergleich nachgewiesen. Danach hat das SKV zwar höhere Rechenzeiten bei größeren Vorgangsmengen, die Ergebnisgüte ist jedoch besser. Die angegebenen CPU-Zeiten bei einer Vorgangsmenge von 80 Vorgängen und 3 Kapazitätsgruppen zeigen jedoch auch hier, daß diese Verfahren zur Anwendung bei der Revisionsplanung ungeeignet sind.

Die Schwierigkeit der Rechenbarkeit tritt beim Zulassen von Vorgangssplitting der Stufe 3 noch viel deutlicher zutage, da sich die Anzahl zu berücksichtigender Variablen deutlicht erhöht /DOM 91, S.72/.

3.41   /DOM 91/ geben hierzu eine Vergleichsrechnung von Patterson an, der die Verfahren auf einer Amdahl 470/V8 untersucht hat, deren Ergebnisse 1984 veröffentlicht wurden. Da bei dieser Rechnung ein Problem mit N Elementen und exponentiellem Zeitaufwand zu lösen ist, gilt diese Aussage auch beim Einsatz heutiger, wesentlich leistungfähigerer Rechenanlagen.

3.42   vgl. hierzu /NEU 93, S. 510/

Die Grenzen der mathematischen Verfahren bei größeren Datenmengen, wie sie insbesondere bei der Revisionsdurchführung vorliegen, haben dazu geführt, daß die Optimierung durch Kapazitätsabgleich innerhalb der Anwendung von Projektplanungssystemen bisher wenig Beachtung gefunden hat. "Ein Grund hierfür liegt sicherlich darin, daß Projektmanager ... der Meinung sind, daß die Verfahren zur Einsatzmitteloptimierung wie sie in den rechnergestützten Planungssystemen implementiert sind, den Anforderungen der Praxis nicht gerecht werden. Dies wurde durch eine Meinungsumfrage bestätigt, bei der die Hälfte von über 200 befragten Projektmanagern obige Aussage bestätigten." /MÜL2 89, S. 314/ Es stehen zwar eine Vielzahl von Verfahren zur Verfügung, eine praxisgerechte Lösung ist aber gegenwärtig nur von heuristischen Systemen zu leisten.

3.3. Optimierung zur Verkürzung der Revisionsdauer

Das Grundmodell der Kapazitätsplanung wird durch die Zielfunktion "Minimierung der Projektdauer bei vorgegebener Einsatzmittelkapazität" zur Verkürzung der Revisionsdauer herangezogen. Damit sind die beschriebenen Verfahren für diese Thematik ebenfalls anwendbar. Außerhalb der Kapazitätsplanung gibt es noch weitere Ansätze zur Revisions- / Projektzeitreduzierung, die dann besonders interessant werden, wenn sich die Zeitverkürzung eindeutig kostenmäßig auswirkt und dies auch berechnet werden kann. Eine Projektzeitverkürzung ist - neben der Ausnutzung der Pufferzeiten - nur durch eine Vorgangsverkürzung zu erreichen. Dies ist jedoch nur durch zusätzliche Maßnahmen - beispielsweise durch Überstunden, zusätzliche Einsatzmittel oder bessere Verfahren - erzielbar. Hierfür fallen zusätzliche Kosten an, die den Kosteneinsparungen durch Projektzeitverkürzung gegenüberstehen, woraus sich ein Optimierungsproblem ergibt.

"Zu diesem Problem existiert ein exaktes Lösungsverfahren, das auf dem sogenannten FORD-FULKERSON-Algorithmus aufbaut, für den der Rechenaufwand im allgemeinen vertretbar ist. Die prinzipielle Vorgehensweise ist leicht erklärt: Man verkürzt nur Vorgänge auf kritischen Wegen, und zwar so, daß sich der geringste Kostenzuwachs ergibt. Werden durch die Verkürzung weitere Wege kritisch, so fährt man genauso fort, wobei nun aber die neuen kritischen Wege bei der Verkürzung mitberücksichtigt werden müssen." /DÜR 88, S. 206.

Entlang des kritischen Weges wird zur Reduzierung der Projektdauer die Summe der mittleren Beschleunigungskosten [3.43] bei denjenigen Vorgängen,

---

3.43 In /ZIMH 87/ wird unter mittleren Beschleunigungskosten die Zeitkürzung der Vorgänge verstanden. Für die Funktion der mittleren Beschleunigungskosten wird von einem linearen Verlauf ausgegangen.

deren Verkürzung sich auf die Projektdauer auswirkt, minimiert. Dies wird solange durchgeführt, bis die Vorgänge auf dem kritischen Weg ihre Minimaldauer erreicht haben oder ein weiterer kritischer Weg gefunden wird, der dem gleichen Prozedere unterworfen wird. Zur Durchführung der Minimierung wird der FORD-FULKERSON-Algorithmus vorgeschlagen.

Die anfallenden Kosten zu einem Projekt lassen sich nicht nur durch die Projektzeitverkürzung reduzieren, sondern auch durch möglichst spätes Auftreten der Kosten und damit durch Reduzierung der Zinslast. Basierend auf den Ergebnissen der Reihenfolgeplanung wird der Kostenanfall während der Abwicklung des Projektes durch die Vorgangsausführung bestimmt. Dabei ist zwischen frühest- und spätestmöglicher Durchführung von Vorgängen zu unterscheiden. "Die Wahl der spätestmöglichen Anfangszeitpunkte ist unter Umständen mit einem erheblichen Zinsgewinn verbunden, da die Kosten entsprechend später anfallen. Auf der anderen Seite ist dabei das Risiko einer Projektzeitverlängerung erheblich größer, was wiederum zusätzliche Kosten verursachen kann. Man muß hier von Fall zu Fall abwägen. " /DÜR 88, S. 205/.

Eine im Rahmen des Kapazitätsabgleiches durch Projektzeitverkürzung erzielte Kostenoptimierung basiert ebenfalls auf dem Termingerüst der Reihenfolgeplanung. Damit gelten hier alle schon oben angesprochenen Defizite einer detaillierten, deterministischen Planung. "Der Netzplan verliert an Aussagekraft, wenn aufgrund von Kapazitätsmangel Tätigkeiten nicht oder nur verzögert ausgeführt werden können. Das führt dazu, daß die im Netzplan errechneten Projektdauern möglicherweise falsch, d.h. zu kurz sind. Die Verlängerung der wirklichen Projektdauer ist darauf zurückzuführen, daß Vorgänge, die simultan geplant sind und aus rein technologischen Erwägungen auch simultan durchgeführt werden können, infolge knapper Betriebsmittel nacheinander ausgeführt werden müssen. Das entspricht der Einführung neuer zusätzlicher Reihenfolgebeschränkungen und damit möglicherweise einer Verlängerung eines kritischen Weges." /ZIMH 87, S.310/

Abschließend ergibt sich fast zwangsläufig die Frage, wie hoch die Genauigkeit eines Kapazitätsabgleiches zur Nivellierung und Projektzeitverkürzung eigentlich sein muß. Für einen praxisgerechten Einsatz geht es wohl eher um eine Vorschlagfunktion eines sinnvollen Kapazitätsabgleiches und weniger um die maximale Rechengenauigkeit. Trotzdem ist es für einen Planer sicherlich hilfreich, das Optimum der Revisionsabwicklung sozusagen als Orientierung zu kennen, wie es durch den Ford-Fulkerson Algorithmus berechnet wird. Kritisch an diesem Algorithmus ist jedoch, daß er auf dem kritischen Pfad basiert und somit die oben angesprochenen Defizite auftreten.

4. Problemstellung und Zielsetzung

Die Anforderung an einen Kraftwerksbetreiber, die Erhöhung der Einsatzzeit eines Kraftwerkes durch die Optimierung der Revisionsdurchführung voranzu-treiben, gehört einer Klasse von Aufgaben an, für die allgemeine theoretische Lösungen aus dem Operations Research existieren. Wie jedoch gezeigt werden konnte, sind die exakten Verfahren zu rechenaufwendig. Einfachere, weniger exakte Verfahren - heuristische Lösungen - bieten sich eher an, wobei es für die Reduzierung der Revisionsdurchführungszeit kein spezielles Verfahren gibt. Vielmehr werden in der Praxis entweder die Netzplantechnik im Rahmen von Projektmanagementsystemen oder Instandhaltungssysteme eingesetzt. Die Anwendung dieser Verfahren ist möglich und üblich, die Ergebnisse sind jedoch wesentlich verbesserungsfähig, wie in Kapitel -> 3.1.1. und 3.1.2. dargestellt wurde.

So läßt sich feststellen, daß die Netzplantechnik angewendet wird, um einen höheren Planungsgrad und einen optimaleren Ablauf zu erreichen. Die Netz-plantechnik ist dazu geeignet, ein genaues Ablaufnetz einer Revision aufzubau-en und kritische Pfade herauszustellen. Eine Optimierung des Ablaufes unter der Berücksichtigung maximaler Kapazitätsauslastung ist zwar mit dieser Me-thode ebenfalls möglich, doch wird sie wegen der enormen Planungskapazität nur selten angewendet.

Die Schwierigkeit in der Anwendung dieses deterministischen, mathematisch exakten Verfahrens liegt in der Notwendigkeit zur detaillierten Festlegung aller die Revision beschreibenden Größen und des entsprechenden Aufwandes zur Beschaffung und Pflege dieser Daten. Jeder Vorgang muß minutiös geplant werden, was zwar grundsätzlich richtig ist, aber vom Aufwand in der Daten-beschaffung und in der Berechnung einer exakten Lösung in keinem Verhältnis zum zu erzielendem Ergebnis liegt. Denn dieses Verfahren benötigt die exakte Einhaltung der geplanten Arbeiten auf unterster Detailierungsebene, eine Ab-weichung wegen Zeitüberschreitung hat auf dem kritischen Pfad eine Verlänge-rung der Revision zur Folge. Die Einhaltung der Zeiten verlangt eine zeitnahe Überwachung, die manuell nicht erreicht werden kann und auch bei DV-technischer Unterstützung sehr kritisch bleibt. Zudem sind Planer und Ausfüh-render durch das Auftragsnetz gebunden, flexible Eingriffe und Abweichungen sind durch die hohe und starre Vernetzung auf ihre Auswirkungen hin nur schwer überschaubar.

Neben der Netzplantechnik werden Instandhaltungs- bzw. Betriebsführungs-systeme in Kraftwerken eingesetzt. Diese EDV-Unterstützung ist sinnvoll zur Steuerung des Auftragsablaufes bei der Durchführung einer Revision. Mit diesem Werkzeug können Arbeitspläne und Aufträge erstellt und in den Ablauf eingesteuert, Auftragsrückmeldungen eingegeben und die Durchführung der Arbeiten überwacht werden. Mit dem Aufkommen von preiswerter Hardware durch Personal Computer (PC's) bzw. dem radikalen Preisverfall für Computer der mittleren Datentechnik (MDT) und Host-Rechnern expandiert mittlerweile der Markt für DV-unterstützte Instandhaltungssysteme. Viele Unternehmen beschäftigen sich mit der Einführung von Instandhaltungssystemen. Damit wachsen jedoch auch die Anforderungen an die Funktionalität der Anwendungen, oder anders ausgedrückt, damit sind die Voraussetzungen geschaffen, Verfahren zur besseren Planungsunterstützung im Instandhaltungsbereich zu ermöglichen.

Der Einsatz von Instandhaltungssystemen hilft zwar zu mehr Transparenz über den Ablauf einer Revision durch die Bereitstellung und Pflege differenzierter Daten. So kann die ständig zunehmende Datenflut zur Revisionsplanung und -durchführung durch den EDV-Einsatz bewältigt werden. Es besteht aber die Gefahr einer relativ hohen Ungenauigkeit der verwendeten Daten. Denn der Einsatz von solchen Systemen benötigt insbesondere organisatorische Maßnahmen zur qualifizierten Pflege der Daten und die Einbindung dieser Systeme in den organisatorischen Ablauf. Da dies jedoch mit erheblichen Aufwendungen verbunden ist, besteht die Tendenz zu nicht genügend qualifizierten Daten.

Die alleinige Funktionalität von Instandhaltungs- bzw. Betriebsführungssystemen reicht jedoch nicht zur Abdeckung der Revisionsproblematik aus. Instandhaltungssysteme können die Revisionsplanung nur bedingt unterstützen, da sie kein Instrumentarium besitzen, die Vernetzung zwischen den Arbeiten einer Revision zu erzeugen und darzustellen, wie dies beispielsweise mit der Netzplantechnik möglich ist. Aber auch die Verbindung eines Instandhaltungssystemes mit der Netzplantechnik ist wegen der Notwendigkeit qualifizierter Daten und des beachtlichen Aufwandes zu ihrer Erstellung nicht befriedigend. Außerdem entsteht die Schwierigkeit, daß wegen des hohen Detailierungsgrades, der zur Erzielung eines guten Planungsergebnisses notwendig ist, der Überblick verloren geht, da die Vernetzung in der Regel einen nicht mehr überschaubaren Umfang annimmt.

Somit ergibt sich das Problem, daß es kein spezielles Verfahren zur qualifizierten Revisionszeitverkürzung bzw. zur qualifizierten Optimierung der Revisionsdurchführung gibt, um eine lohnende Verkürzung der Revisionsdurchführungszeit zu erreichen.

Differenziert für die drei Teilschritte der Revisionsplanung und -steuerung bedeutet dies, daß:

☐ zur Reihenfolgeplanung die Aufstellung eines Terminplanes

  ◆ einer erheblichen Komplexität unterliegt, denn die zu berücksichtigenden Vorgänge liegen in hoher Anzahl und mit umfangreichen Abhängigkeiten vor.

- ein hoher Aufwand für die Erstellung eines Terminplanes erforderlich ist, wenn mit der Methode der Netzplantechnik für jeden einzelnen Vorgang eine explizite Vorgänger- / Nachfolgerbeziehung definiert werden muß.

- die Übersichtlichkeit im aufzustellenden Planungsgerüst (Terminplan) nicht verloren gehen darf, um die Dynamik im Revisionsgeschehen handhaben zu können. Es soll jederzeit nachvollzogen werden können, an welchen Vorgängen Änderungen durchgeführt wurden bzw. auf welche Vorgänge sich Änderungen auswirken. Dies ist mit der festen Aneinanderreihung der Vorgänge auf dem kritischen Pfad nicht möglich. Ein Verschieben eines Vorganges bewirkt das Verschieben aller gebundenen Vorgänge, was zu Lasten der Übersichtlichkeit geht.

☐ zur Optimierung durch Kapazitätsabgleich eine differenzierte Betrachtung nach Tälern und Spitzen notwendig ist. Dabei ist das Problem, daß die Differenz zwischen den Tälern und Spitzen in einer nachvollziehbaren Art und Weise zu reduzieren ist, ohne die Übersichtlichkeit im Planungsgerüst zu verlieren. Dies ist mit den bisher üblichen Verfahren nicht möglich, da sie algorithmisiert - quasi automatisch - nach einem Verfahren ablaufen. Der Planer erhält ein fertiges Ergebnis ohne Bezug zur Anlage beispielsweise über die Anlagenstruktur.

Außerdem ergeben sich zwei unterschiedliche Sichtweisen für die Phase vor bzw. während der Revision:

- In der Phase vor der Revision bezieht sich der Kapazitätsabgleich auf eine möglichst gleichmäßige Auslastung der Kapazitätsgruppen in einem Zeitraster bei langfristig vorplanbarer Deckung des Kapazitätsbedarfes. Hierzu ist es notwendig, mit möglichst gleichmäßiger Personalauslastung einer Kapazitätsgruppe im Planungsraster auszukommen.

- In der Phase während der Revision ist eine kurzfristige Anpassung des Kapazitätsbedarfes an das Angebot notwendig, um die Spitzen soweit zu nivellieren, daß mit vorhandener Kapazität die Arbeiten durchgeführt werden können. Hier geht es nicht um die möglichst gleichmäßige Personalauslastung sondern ausschließlich um die Deckung des Kapazitätsbedarfes.

☐ zur Verkürzung der Revisionsdauer die Ermittlung der minimalen Durchführungsdauer ohne und mit Kostenbetrachtung erforderlich ist. Dabei ist eine möglichst gleichmäßige Kapazitätsauslastung nicht notwendig, dies ist die Problemstellung der Kapazitätsplanung.

* In der Phase vor der Revision spielt die Kostenbetrachtung eine Rolle, da eine Verkürzung nur dann sinnvoll ist, wenn die Kostenbilanz aus Mehraufwendungen für die Verkürzung zum Ertrag aus der früheren Verfügbarkeit positiv ausfällt und somit ein Gesamtkostenoptimum erreicht wird.

* In der Phase während der Revision spielt die Kostenbetrachtung keine Rolle, da der Revisionsendetermin festliegt, somit kein Ertrag aus früherer Verfügbarkeit erzielt werden kann. Hier ist die Ermittlung der minimalen Durchführungsdauer notwendig, damit der Revisionsendetermin eingehalten wird.

In dieser Arbeit soll nun für die Optimierung der Revisionsdurchführung in Kraftwerken eine geeignetere Lösung erarbeitet werden, die keine optimale, theoretische Lösung darstellt, sondern die insbesondere den Bedingungen

☐ Einhaltung des Revisionsendetermines

☐ keine ungeplante Verkürzung der Revisionsdauer

☐ Reduzierung des Aufwandes zur Bereitstellung aktueller und realistischer Daten

☐ Verarbeitung der Dynamik im Betriebsgeschehen

genügt und für den praktischen Einsatz sinnvoll ist. Dabei soll die zu erarbeitende Lösung auf den bisher schon bekannten Verfahren wie der Netzplantechnik aufbauen und die Möglichkeiten vorhandener DV-Systeme, insbesondere von Instandhaltungssystemen, nutzen.

Das zu entwickelnde Verfahren bezieht den Planer einer Revision aktiv mit ein, er soll durch das Verfahren unterstützt und nicht überflüssig gemacht werden. Es geht hierbei insbesondere um die Visualisierung der komplexen Zusammenhänge des aufzubauenden Planungsgerüstes einer Revision. Das Verfahren soll dem Planer zwar Rechenarbeit und Verdichtungen abnehmen, alle Planungsschritte müssen jedoch für ihn nachvollziehbar bleiben. Dabei soll er aktiv die Planung gestalten und seine Fähigkeiten einsetzen können - als Mann der Praxis mit unscharfen Planungsdaten umgehen zu können, die prinzipbedingt einer hohen Ungenauigkeit unterliegen. Dazu soll das zu entwickelnde Verfahren

☐ vom Rechenaufwand her begrenzt bleiben,

Damit soll der Zeitaufwand, der sich nach einer Implementierung des Verfahrens in einer DV-Lösung durch die Anwendung des Algorithmus ergibt, sehr gering sein. Dies ist eine wesentliche Voraussetzung für eine gute Akzeptanz zur Anwendung des Verfahrens.

☐ die Möglichkeit bieten, in Teilbereichen zu planen,

Hierdurch wird die Planungskomplexität eingeschränkt, der Planer behält einen guten Überblick.

☐ in der Genauigkeit der Berechnung einstellbar sein,

Dies hilft zur Lösung des Dilemmas:

* höhere Genauigkeit - hoher Rechen- und Zeitaufwand,

* niedriger Zeitaufwand - geringe Genauigkeit.

Der Planer soll die Relation zwischen Genauigkeit und Zeitaufwand wählen können. Denn häufig reicht eine weniger hohe Genauigkeit aus, da die Eingangsdaten eine hohe Unsicherheit aufweisen und eine höhere Rechengenauigkeit keinen Vorteil bringt. Wenn er eine hohe Genauigkeit benötigt, so muß er dies selber bestimmen können. Damit ist er i.d.R. auch bereit, einen höheren Zeitaufwand zu akzeptieren.

☐ unscharfe Ausgangsdaten abbilden können,

Damit soll die Problematik der unsicheren und mit hohem Aufwand zu verbessernden Ausgangsdatenqualität ausgeglichen werden.

☐ die Planungsschritte und das Ergebniss visualisieren.

Der Planer soll in jedem Schritt die Übersicht behalten, er ist das wesentliche Moment in dem Planungsprozess. Dazu müssen die Planungsschritte visualisiert werden, das Ergebnis muß rücksetzbar sein.

Die Stärkung der manuellen Komponente bei der Revisionsplanung und -steuerung geht konform mit der mittlerweile in vielen Industrieunternehmen diskutierten Anwendbarkeit von Methoden, die dem Gedankengut einer schlanken Produktion (lean production) entstammen. Diese aufbau- und ablauforganisatorischen Ansätze beinhalten ein Zusammenführen bisher strikt getrennter Verantwortungs- und Funktionsbereiche wie beispielsweise Produktion und Instandhaltung. In der Konzentration von Verantwortungs- und Aufgabenbereichen in dezentralen Organisationsstrukturen liegt der Schlüssel zu einer weiteren Steigerung der Effektivität im Unternehmen bei oftmals verbesserter Qualität. Damit ist eine neue, zukünftige Struktur beschrieben, die zur fraktalen Fabrik [4.1] führt /WA 92/.

4.1   "Die fraktale Fabrik ist ein offenes System, das aus selbsständig agierenden, in ihrer Zielausrichtung selbstähnlichen Einheiten - den Fraktalen - besteht und durch dynamische Organisationsstrukturen einen vitalen Organismus bildet." /KÜH 93, S.69/

5. Grundlagen des Verfahrens

5.1. Reihenfolgeplanung

5.1.1. Die Reihenfolgebildung auf Basis einer Struktur

Die Anwendung der Netzplantechnik zum Aufbau einer sinnvollen Reihenfolge für ein Revisionsvorhaben erfordert einen erheblichen Aufwand, da jedes Element und jeder Vorgang neu definiert und anschließend in eine technisch sinnvolle Reihenfolge zu den übrigen Elementen / Vorgängen gebracht werden muß.

Bei dem hier zu entwickelnden Verfahren liegt ein wesentlicher Unterschied zur klassischen Vorgehensweise. Die Überlegung ist, inwieweit schon vorliegende Kataloge, Pläne und Verfahrensweisen zur Bildung von Elementen und - in eine sinnvolle Struktur gebracht - zum Aufbau eines Projektstrukturplanes (PSP) genutzt werden können. Dabei bieten sich einerseits Strukturen aus der Klassifikation und Strukturierung von Anlagen an, wie sie insbesondere bei Kraftwerken mit der KKS-Struktur vorliegen, sowie andererseits Arbeitspläne zur Bildung von Arbeitsvorgängen und Aufträgen.

Die zweite Überlegung ist, inwieweit aus der KKS-Struktur eine Logik zur Abarbeitung der anstehenden Aufträge erfolgt.[5.1] Dies kann aufgrund des Aufbaus der KKS-Struktur angenommen werden. Denn zum Wiedereinsatz beispielsweise der Hauptfeuerung [HH] nach der Revision müssen die Arbeiten am Hauptbrenner [HHA] und der Verbrennungsluftzuführung [HHL] abgeschlossen sein. D.h. die Aufträge zur [HH], [HHA] und [HHL], sind innerhalb der [HH] zu sehen und sind unabhängig von Arbeiten am Gaserhitzersystem [HM]. Aufträge am Gaserhitzersystem sind wiederum unabhängig von den Aufträgen an der Hauptfeuerung, die Reihenfolge der Arbeiten richtet sich also nach den jeweils übergeordneten Funktionen. Zur Strukturierung und Anordnung der Aufträge in einer sinnvollen Reihenfolge kann deswegen die Logik der KKS herangezogen werden.

5.1   Die Nutzung der hierarchischen Gliederung einer Kraftwerksanlage wird beispielsweise bei /GIR 94/ zur Planung von Arbeitsvorgängen herangezogen. " Die Planung von Arbeitsvorgängen wird wesentlich vereinfacht, wenn die hierarchische Gliederung von Kraftwerksanlagen in Gesamtanlage, Funktionen, Aggregate und Betriebsmittel bei der zeitlichen Zuordnung berücksichtigt wird. Anfangs- und Endzeiten der Hauptanlagen bilden das maximal zulässige Zeitfenster für die zeitliche Anordnung der zugehörigen Teilanlagen. Anfangs- und Endzeiten einer Teilanlage bestimmen das zulässige Zeitfenster für die zugeordneten Aggregate usw. Diese Planungsmethode entzerrt Personalanhäufungen an kritischen Montagestellen und verbessert damit die Arbeitssicherheit. Durch systembezogene Fertigstellung von Teilanlagen kann unter Umständen eine Verkürzung der Wiederinbetriebnahmezeit der Gesamtanlage erzielt werden. " /GIR 94, S. 668/

In dem KKS - System wird zwischen 4 Ebenen [5.2] unterschieden

1 - Gesamtanlage

2 - Funktion

3 - Aggregat

4 - KKS-Betriebsmittel

Diese 4 Ebenen können zur Bildung eines Baumes herangezogen werden, wobei die Wurzel des Baumes der obersten KKS - Ebene, "1-Gesamtanlage", entspricht. Jeweils abstufend ergibt sich aus der Betrachtung des Zusammenhanges der einzelnen Ebenen eine Vater-Sohn-Beziehung. Zur Ebene "2 - Funktion" ist die Ebene "1 - Gesamtanlage" die Vater-Ebene, zur Ebene "1 - Gesamtanlage" ist die Ebene "2 - Funktion" die Söhne-Ebene. Unterhalb der Ebene "4 - Betriebsmittel" erfolgt die Anbindung in der 5. Ebene zum Equipment. Ein Equipment ist klassifiziert durch die Zuordnung einer KKS-Nummer. Somit ist die Ebene "5 - Equipment" die Söhne-Ebene zur Ebene "4 - KKS-Betriebsmittel".

Die Anbindung eines physisch vorhandenen Anlagenelementes, dem Equipment, an die klassifizierenden KKS-Ebenen muß nicht auf der untersten KKS-Ebene erfolgen, sie kann je nach technischen Gegebenheiten ebenfalls auf einer höheren Ebene vorliegen. Dies drückt sich darin aus, daß die weiter unten liegenden Ebenen nicht besetzt sind und unberücksichtigt bleiben. Dieser Fall ist häufig bei der Betriebsmittelebene zu finden. Zur Beschreibung beispielsweise einer Pumpe ist nur die Ebene "3 - Aggregat" notwendig, die Ebene "4 - KKS-Betriebsmittel" fällt weg.

Formal wird für den Zusammenhang der KKS-Ebenen zum Equipment - zur Ausnutzung der technischen Struktur einer Anlage - ein $Baum_a$ gebildet. Für diesen Baum gelten folgende Eigenschaften:

- k = Knoten von $Baum_a$

- $\forall\, k \in Baum_a : \text{PSP-Ebene}(k) \in \{1,2, \dots , maxEbene_a\}$.

- $\exists$ kein Knoten $k \in Baum_a : \text{AnzahlVäter}(k) > 1$.

- $\exists$ genau ein Knoten $k \in Baum_a : \text{AnzahlVäter}(k) = 0$.

5.2   Hier wird eine andere Zählweise gegenüber der KKS Norm angewendet:

| KKS-Norm | Gesamtanlage | Ebene 0 |
| hier | Gesamtanlage | Ebene 1 |

für die weiteren Ebenen gilt dies analog.

- $\text{AnzahlSöhne}(k) = 0 \Rightarrow \text{PSP-Ebene}(k) <= \text{maxEbene}_a \quad ;k \in \text{Baum}_a.$

- $\text{AnzahlSöhne}(k) \neq 0 \Rightarrow \text{PSP-Ebene}(k) < \text{maxEbene}_a \quad ;k \in \text{Baum}_a.$

Neben einer Strukturierung oberhalb eines Equipments durch die KKS-Struktur lassen sich zur effizienten Bildung einer Reihenfolge auch die Elemente zur Beschreibung der Arbeiten an einem Equipment, repräsentiert durch Aufträge [5.3] und deren Gliederung, sozusagen als Ebenen unterhalb des Equipments heranziehen.

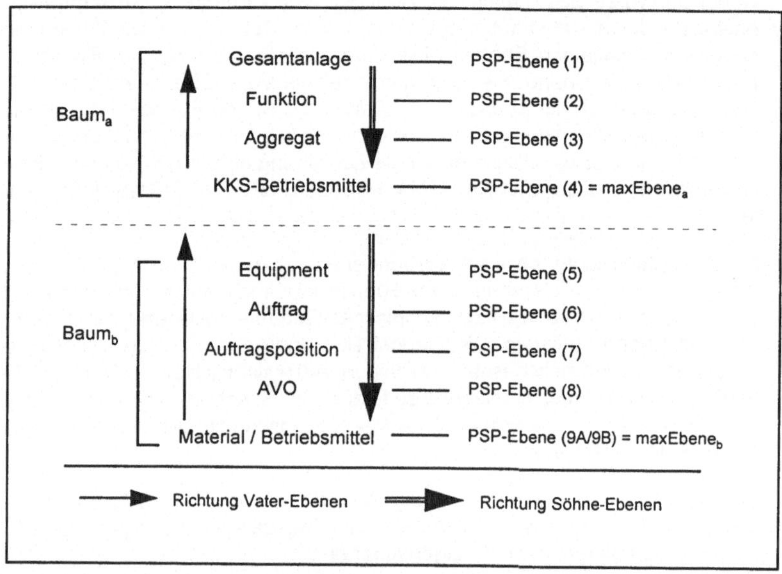

Abbildung 5.1: Zusammenhang der Ebenen im Projektstrukturplan

Die Strukturebenen unterhalb der Equipmentebene sind auftragsorganisatorischer Art. Ähnlich der KKS-Struktur liegen für eine Anlagenkomponente / Equipment häufig schon Arbeitspläne vor, in denen der Ablauf einer Maßnahme an der Komponente beschrieben ist. Damit entfällt ebenfalls der Aufwand des Erstellens von Vorgängen, denn die Arbeitspläne können zur Bildung von Aufträgen genutzt werden. Die Anordnung der Vorgänge innerhalb

---

5.3   Die Aufträge sind entweder schon vorhanden oder werden unter Zuhilfenahme von Arbeitsplänen definiert.

des Auftrages entspricht einer Reihenfolge, die zur Reihenfolgebildung verwendet wird.

Zur Bildung des Projektstrukturplanes werden die Ebenen

6 - Auftrag, mit

7   - Auftragspositionen

8   - AVO's Arbeitsvorgängen

9A - Materialien

9B - Betriebsmitteln.

herangezogen. Die Ebenen 9A und 9B sind gleichrangig, zwischen ihnen gibt es keine Vater-Sohn-Beziehung. Ebenfalls muß nicht jede Ebene besetzt sein, eine Anbindung beispielsweise von AVO´s direkt an einen Auftrag ist möglich.

Die Equipment-Ebene ist die Vater-Ebene, zum Equipment zugeordnete Aufträge repräsentieren die Söhne-Ebene. Auf der Basis eines jeden Auftrags wird ein $Baum_b$ gebildet. Für diese Bäume gelten folgende Eigenschaften:

- k = Knoten von $Baum_b$

- $\forall\, k \in Baum_b : \text{PSP-Ebene}(k) \in \{maxEbene_a+1, \ldots, maxEbene_b\}$.

- $\exists$ kein Knoten $k \in Baum_b : \text{AnzahlVäter}(k) > 1$.

- $\exists$ genau ein Knoten $k \in Baum_b : \text{AnzahlVäter}(k) = 0$.

- $\text{AnzahlSöhne}(k) = 0 \Rightarrow \text{PSP-Ebene}(k) <= maxEbene_b \quad ; k \in Baum_b$.

- $\text{AnzahlSöhne}(k) \neq 0 \Rightarrow \text{PSP-Ebene}(k) < maxEbene_b \quad ; k \in Baum_b$.

Der vollständige Baum des Projektstrukturplanes entsteht durch das Anhängen von Bäumen der Art $Baum_b$ an Knoten von $Baum_a$. Für diesen vollständigen Baum gelten folgende Eigenschaften:

$$maxEbene = maxEbene_b$$

- k = Knoten von Baum

- $\forall\, k \in Baum : \text{PSP-Ebene}(k) \in \{1,2, \ldots ,maxEbene\}$.

- $\exists$ kein Knoten $k \in Baum : \text{AnzahlVäter}(k) > 1$.

- $\exists$ genau ein Knoten $k \in Baum : \text{AnzahlVäter}(k) = 0$.

- $\text{AnzahlSöhne}(k) = 0 \Rightarrow \text{PSP-Ebene}(k) <= maxEbene \quad ; k \in Baum;$

- $\text{AnzahlSöhne}(k) \neq 0 \Rightarrow \text{PSP-Ebene}(k) < maxEbene \quad ; k \in Baum..$

5.1.2. Die Elemente eines Projektstrukturplanes

Neben der Beschreibung der Struktur - oben-unten-Beziehungen zwischen den Ebenen - sind die Elemente des PSP durch eine Dauer D beschrieben. Bei AVO's ist dies die Ausführungsdauer [5.4], bei allen anderen Elementen des PSP - Positionen, Aufträge, Equipments, und KKS-Elemete - ist dies jeweils die Dauer der darunterliegenden Elemente, beschrieben durch den Beginn des frühesten und das Ende des spätesten darunterliegenden Elementes. Die Elemente sind des weiteren beschrieben durch einen Startzeitpunkt AZ und einen Ende-zeitpunkt EZ, der sich durch die Lage im Projektstrukturplan ergibt. Betriebsmittel besitzen den gleichen AZ und EZ des zugehörigen AVO's, und haben damit die gleiche Dauer. Materialien besitzen keine Dauer und keinen Endezeitpunkt, sie sind nur durch einen Startzeitpunkt beschrieben, der sich durch den Startzeitpunkt des zugehörigen AVO's ergibt. Somit gilt für die Elemente im PSP:

KKS-Element: κ

$$AZ\kappa = \min \{AZ_i \mid i \in \text{NachfolgerSöhne}(\kappa)\}, \quad \kappa \in \text{Baum}$$

$$EZ\kappa = \max \{AZ_i \mid i \in \text{NachfolgerSöhne}(\kappa)\}, \quad \kappa \in \text{Baum}$$

$$D\kappa = EZ\kappa - AZ\kappa$$

Equipment: ε

$$AZ\varepsilon = \min \{AZ_i \mid i \in \text{NachfolgerSöhne}(\varepsilon)\}, \quad \varepsilon \in \text{Baum}$$

$$EZ\varepsilon = \max \{AZ_i \mid i \in \text{NachfolgerSöhne}(\varepsilon)\}, \quad \varepsilon \in \text{Baum}$$

$$D\varepsilon = EZ\varepsilon - AZ\varepsilon$$

Auftrag: au

$$AZ_{au} = \min \{AZ_i \mid i \in \text{NachfolgerSöhne}(au)\}, \quad au \in \text{Baum}$$

$$EZ_{au} = \max \{AZ_i \mid i \in \text{NachfolgerSöhne}(au)\}, \quad au \in \text{Baum}$$

$$D_{au} = EZ_{au} - AZ_{au}$$

Auftragspositionen: ap

$$AZ_{ap} = \min \{AZ_i \mid i \in \text{NachfolgerSöhne}(ap)\}, \quad ap \in \text{Baum}$$

$$EZ_{ap} = \max \{AZ_i \mid i \in \text{NachfolgerSöhne}(ap)\}, \quad ap \in \text{Baum}$$

$$D_{ap} = EZ_{ap} - AZ_{ap}$$

5.4   AVO's beinhalten darüber hinaus noch ein auszuführendes Gewerk.

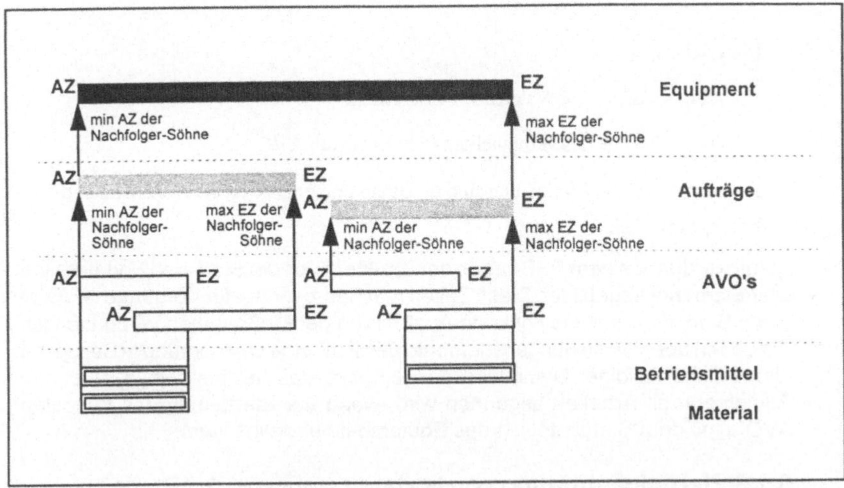

Abbildung 5.2: Zusammenhang der Start- und Endetermine zwischen den Ebenen (beispielhaft)

Arbeitsvorgang: AVO

$$EZ_{AVO} = AZ_{AVO} + D_{AVO}$$

VOL_{AVO} = geplantes Zeitvolumen zur Ausführung des AVO

kp_{AVO} = Personalkapazität (Anzahl Personen, als "fixe Splittung" bezeichnet)

max_kp_{AVO} = maximale Anzahl einsetzbarer Personen für diesen AVO

r_{AVO} = ausführende Kapazitätsgruppe des AVO′s

Ein AVO kann nur eine ausführende Kapazitätsgruppe besitzen

D_{AVO} = Ausführungsdauer, wird außerhalb dieses Verfahrens festgelegt

AZ_{AVO}, max_kp_{AVO} und r_{AVO} variabel

Betriebsmittel: b

$AZb = AZ_i$, $i \in$ Vater(b), $b \in$ Baum

$EZb = EZ_i$, $i \in$ Vater(b), $b \in$ Baum

$Db = D_i$, $i \in$ Vater(b), $b \in$ Baum $= D_{AVO}$

kb_{AVO} = Anzahl Betriebsmittel zum AVO

Materialien: m

$$AZm = AZ_i\,, \quad i \in Vater(m), \quad m \in Baum$$

$$km_{AVO} = Menge\ des\ verbrauchten\ Materials\ zum\ AVO$$

Betriebsmittel und Materialien sind im Baum immer Blätter, die Anzahl kb und km sind variabel.

Somit werden in einem PSP neben der Struktur auch die Start- und Endetermine aller Elemente abgebildet. Diese Zeiten machen zwar nur für Vorgänge (AVO´s) einen Sinn, da damit die konkrete Ausführung der Maßnahmen verbunden ist. Sie geben aber für die übrigen Elemente des PSP eine Orientierung in Bezug auf die zeitliche Abfolge. Damit wird ausgedrückt, das beispielsweise an einem Equipment mit Arbeiten begonnen wird, wenn der Starttermin des frühesten AVO´s mit dem Startzeitpunkt des Equipments übereinstimmt.

5.1.3. Berücksichtigung von Istdaten während der Revision

Zur Darstellung der aktuellen Situation während der Revision sind zusätzliche Elemente im PSP einzuführen, die sich auf den Abarbeitungsgrad und die noch verbleibende Restarbeit beziehen. Istdaten, Verzüge und zusätzlich, ad-hoc aufgetretene AVO´s werden berücksichtigt. Damit ist die Differenz zwischen vorgeplanter und tatsächlich eingetretener Situation darstellbar. Zu jedem geplanten Element im PSP kann ein weiteres Element eingefügt werden, das die Istsituation gegenüber dem geplanten Element repräsentiert. Die Istsituation kann real nur bei den AVO´s ermittelt werden, anhand der Struktur des PSP ist sie jedoch auf alle Elemente übertragbar.

Der Istvorgang ist charakterisiert durch den Iststarttermin AZ^i, dem Istendetermin EZ^i und der Istdauer D^i. Der Istendetermin kann natürlich nur bei abgeschlossenen Arbeitsvorgängen angegeben werden, noch in Arbeit befindliche AVO´s werden durch die aktuelle Tageslinie (oder "heute"-Linie) eingegrenzt.

$$AZ^i <= t_{heute} <= EZ^i$$

Als zusätzliche Merkmale für ein Istelement können auftreten:

$$VOL^i \neq VOL,\ D^i \neq D,\ AZ^i \neq AZ,\ EZ^i \neq EZ$$

Da sich Abweichungen von der geplanten Dauer ergeben können, ermittelt sich die geschätzte Restzeit RZ^i aus:

$$RZ^i = geschätztes\ EZ^i - t_{heute}$$

Nur ein noch nicht abgeschlossener Istvorgang kann eine Restzeit besitzen. Die verbleibende Restzeit wird auch als Restvorgang / Restelement bezeichnet.

Damit sind nicht nur Abweichungen in der zeitlichen Lage vom Istvorgang zum geplanten Vorgang sondern auch Abweichungen in der Dauer vom Istvorgang zum geplanten Vorgang darzustellen. Ebenso sind Veränderungen in der Zeitlänge eines Vorganges durch Beeinflussung der fixen Splittung zu berücksichtigen.

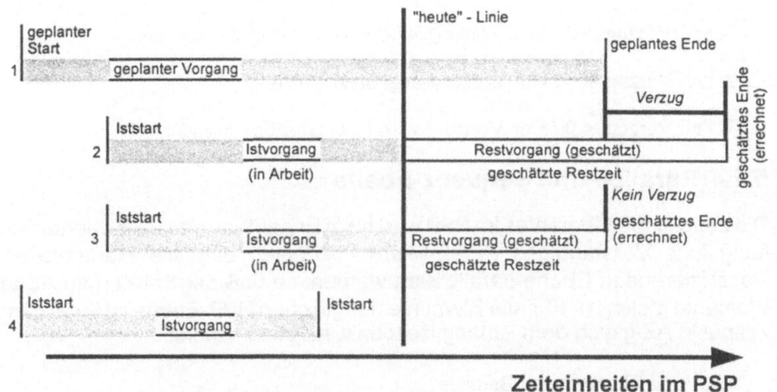

Abbildung 5.3: Zusammenhang Verzug bei Berücksichtigung der Istsituation

Ein Istvorgang wird als beendet bezeichnet, wenn gilt:

$$EZ^i < t_{heute}$$

Sind alle Vorgänge in der Söhne-Ebene abgeschlossen, ist die Darstellung analog den geplanten Vorgängen. Damit besitzen Istvorgänge nur folgende Abhängigkeiten nach oben:

$$AZ_j^i = \min\left\{ AZ_i^i \mid i \in NachfolgerSöhne(j)\right\} \quad, j \in Baum$$

$$EZ_j^i = \max\left\{ EZ_i^i \mid i \in NachfolgerSöhne(j)\right\} \quad, j \in Baum$$

Die Darstellung der Istsituation für Vorgänge in der Vater-Ebene, die noch nicht abgeschlossen sind, ist zu differenzieren in den schon abgearbeiteten und den noch offenen Teil. Das Element weist den abgearbeiteten Teil bis zur Tageslinie aus, über die Tageslinie in die Zukunft hinaus orientiert sich das Element an den geschätzten Restzeiten der darunterliegenden Elemente:

Ein Verzug für das Vater-Element läßt sich darstellen, sobald ein darunter liegendes Element in Verzug ist:

$$\text{Verzug}^i = EZ^i - EZ$$

Ein Verzug kann nur zwischen einem Vorgang (geplanter Vorgang) und einem Istvorgang auftreten

Für den Verzug existieren drei Möglichkeiten:

1. Fall $\text{Verzug}^i > 0$: Der Vorgang wird bzw. ist verspätet beendet.

2. Fall $\text{Verzug}^i = 0$: Der Vorgang liegt im Zeitplan

3. Fall $\text{Verzug}^i < 0$: Der Vorgang wird bzw. ist früher beendet.

5.1.4. Parallel- und Sequenz-Ebene

Die Lage eines Elementes im PSP wird beim Erstaufbau des PSP ebenenweise festgelegt. Vollständiges Parallelisieren bedeutet, daß alle Elemente einer klassifizierenden Ebene parallelisiert werden, so daß der Starttermin AZ aller Elemente gleich ist. Für alle Elemente der gleichen PSP-Ebene ist ihr Anfangszeitpunkt AZ gleich dem Anfangszeitpunkt AZ ihres Vaters:

k, j, i sind Elemente des Baumes

$$\forall\, k \in \text{PSP-Ebene}(n), \forall\, j \in \text{Vater}(k), \forall\, i \in \text{Söhne}(j) : AZi_1 = AZi_2 = \ldots = AZi_z = AZj$$

für TypEbene(n) = Parallel, $z = |\text{Söhne}(j)|$, $n \in 2,\ldots,\text{maxEbene}$.

Was unterhalb der Ebene vorliegt, ist zur Parallelisierung unbedeutend, denn die Elemente unterhalb der relevanten Ebene können entweder parallelisiert oder aber auch hintereinandergereiht sein.

Vollständiges Hintereinanderreihen zu einer Sequenz-Ebene bedeutet, daß alle Elemente einer klassifizierenden Ebene hintereinandergereiht werden, so daß der Starttermin AZ eines nachfolgenden Elementes gleich dem Endetermin EZ seines Vorgängers ist. Vorgänger und Nachfolger werden in der Reihenfolge der Struktur gebildet, damit ist für alle Elemente der gleichen PSP-Ebene der Anfangszeitpunkt des Nachfolgers gleich dem Endezeitpunkt des in der Struktur vor ihm liegenden Elements und es ergibt sich die Reihenfolge aus einer bestimmten Permutation Π des PSP:

k, j, i sind Elemente des Baumes

$$\forall\, k \in \text{PSP-Ebene}(n), \forall\, j \in \text{Vater}(k), \forall\, i \in \text{Söhne}(j)$$

$$\exists\, \text{Permutation}\, \Pi(i_1, i_2, \ldots, i_z): EZi_1 = AZi_2 ,\ EZi_2 = AZi_3 ,\ldots,\ EZi_{z-1} = AZi_z$$

für TypEbene(n) = Sequenz, $z = |\text{Söhne}(j)|$, $n \in 2,\ldots,\text{maxEbene}$.

Beim Hintereinanderreihen in der Sequenz-Ebene ist ebenfalls unbedeutend, was unterhalb dieser Ebene vorliegt. Die Elemente unterhalb der relevanten Ebene können wiederum parallelisiert oder aber auch hintereinandergereiht sein.

5.1.5. Explizite Abhängigkeiten

Bei der Revisionsdurchführung können verfahrensbedingte Wartezeiten auftreten, wenn beispielsweise Abkühl- oder Trocknungszeiten notwendig sind. Diese Wartezeiten sind planerisch zu berücksichtigen, ohne daß hierfür Personal vorzusehen ist. Somit ist für verfahrensbedingte Wartezeiten eine weitere Elementeart einzuführen, die zwar eine Zeit, aber kein ausführendes Gewerk beinhaltet.

$$W = \text{Wartezeit mit } kp = 0 \text{ und } D \neq 0$$

Für diese neu geschaffene Elementeart kann es sich anbieten, durch eine explizite Abhängigkeit die verfahrensbedingte Wartezeit einem direkt vor- oder nachgelagerten Element anzubinden, wenn dies durch den Ausführungsprozeß notwendig ist. Eine Druckprobe beispielsweise, die nach Ausführung einer Schweißarbeit durchzuführen ist, sollte sinnvoller Weise mit der Schweißarbeit explizit verbunden werden.

Statt einer expliziten Abhängigkeit kann die Wartezeit auch in den vor- bzw. nachgelagerten Elementen direkt eingebunden werden. Damit wird das Setzen einer expliziten Abhängigkeit umgangen. Dies ist jedoch nicht möglich, wenn eine verfahrensbedingte Wartezeit von mehreren Elementen abhängig ist.

Als weitere explizite Abhängigkeiten sind Fixtermine zu berücksichtigen. Hierzu gehört beispielsweise der Endetermin einer Revision, der - wie in -> Kapitel 4. erläutert - unbedingt einzuhalten ist. Fixtermine, im folgenden auch als Meilensteine bezeichnet, werden über eine weitere spezielle Elementeart gebildet. Bei Meilensteinen liegen Elemente ohne Dauer vor. Um einen Fixtermin in den bestehenden Projektstrukturplan einzufügen, sind zwischen den Elementen der Elementeart "Fixtermin" und einem oder mehreren bestehenden Elementen explizite Abhängigkeiten zu setzen.

$$FT = \text{Fixtermin / Meilenstein}$$

Der Fixtermin FT ist ein durch Kalenderdatum und Uhrzeit ausgedrückter Zeitpunkt.

Für den Termin FT eines Meilensteins der mit einem Vorgang i verbunden ist, gilt:

$$FT \geq \max (EZ_i, \{EZ_j | j \in \text{NachfolgerSöhne}(i)\}).$$

Neben den expliziten Abhängigkeiten durch Wartezeiten und Meilensteine können explizite Abhängigkeiten zwischen beliebigen Elementen des PSP auftreten. Eine explizite Abhängigkeit bedeutet, daß zwischen zwei Elementen - auf gleicher Ebene oder zwischen zwei Elementen auf unterschiedlichen Ebenen - eine Beziehung ihrer Start- bzw. Endetermine besteht.

Explizite Abhängigkeiten lassen sich mit dem Projektstrukturplan nicht ausdrükken. Um explizite Abhängigkeiten auszudrücken werden vier neue Konstrukte benötigt, die jeweils zwei Elemente eines Projektstrukturplans miteinander verbinden.

$ZAT = $ Zeitabstand zwischen zwei AVO's, $\quad ZAT \geq 0$

Der Zeitabstand ist ein Zeitwert.

ZAT, sowie AVO_A und AVO_B sind variabel.

1. Anfangsfolge: $\quad AZ_{AVO\_A} + ZAT <= AZ_{AVO\_B}$

2. Sprungfolge: $\quad AZ_{AVO\_A} + ZAT <= EZ_{AVO\_B}$

3. Normalfolge: $\quad EZ_{AVO\_A} + ZAT <= AZ_{AVO\_B}$

4. Endfolge: $\quad EZ_{AVO\_A} + ZAT <= EZ_{AVO\_B}$

Die explizite Abhängigkeit wirkt sich beim Verschieben von Elementen aus, denn bei sich änderndem Start- oder Endetermin eines Elementes ändert sich der Start- und Endetermin des explizit abhängigen Elementes entsprechend.

5.1.6. Implizite Abhängigkeiten durch die Strukturbildung

Zur Reihenfolgeplanung sind folgende Daten zu den Elementen des PSP variabel:

AVO :   Anfangszeit AZ, Dauer D, geplantes Zeitvolumen VOL;

                         Personalkapazität kp, Ressource r

Betriebsmittel: Anzahl kb

Materialien: Anzahl km

sonstigeElemente: AZ.

Zur manuellen Planung können die impliziten Abhängigkeiten genutzt werden, so daß sich beim Verschieben eines Elementes - ändern des Starttermines AZ und Endetermines EZ - von ihm abhängige Elemente auf der darüber oder darunterliegenden Ebene entsprechend mitverschieben: AZ und EZ des Vater bzw. Sohn-Elementes ändern sich in der gleichen Art und Weise.

Abhängigkeit "nach oben" - bei Anwendung der "verdichteten Planung" - bedeutet, daß die Lage des Elementes der höheren Ebene im PSP bestimmt wird durch:

- $AZ_j = \min \{ AZ_i \mid i \in \text{NachfolgerSöhne}(j) \}, \quad j \in \text{Baum},$

- $EZ_j = \max \{ EZ_i \mid i \in \text{NachfolgerSöhne}(j) \}, \quad j \in \text{Baum}.$

Dieses Nachvollziehen der Termine von einer unteren Ebene zu einer oberen Ebene erfolgt über alle 9 Ebenen des PSP hinweg, so daß das Element auf der obersten Ebene - der Wurzel des PSP - als Resultat über den gesamten PSP hinweg (einer Revision, oder eines Ausschnittes daraus) bestimmt wird. Das bedeutet, daß der Starttermin der Wurzel dem AZ des frühesten Elementes im PSP und der Endetermin dem EZ des spätesten Elementes im PSP entspricht.

So wie sich bei der Verschiebung eines Elementes einer unteren Ebene, aufgrund der impliziten Abhängigkeit, die Termine des Elementes auf höherer Ebene verschieben, so verändern sich umgekehrt die Termine aller Söhne-Elemente bei Verschieben des Vater-Elementes (partielle Planung).

AZ_i und EZ_i sind relativ zu Vater(i), d.h. wird das Element Vater(i) verschoben ändert sich das Element i mit. Bildlich gesprochen: man verschiebt mit der Wurzel eines Teilbaums den gesamten Teilbaum.

Die Betrachtung gleicher oder ähnlicher Kraftwerkskomponenten und deren zugeordneter Elemente, die an verschiedenen Orten im Kraftwerk eingebaut sind ergibt eine weitere Art der impliziten Abhängigkeiten. Die Darstellung bzw. Selektion von Elementen gleicher oder ähnlicher Kraftwerkskomponenten kann über die KKS-Struktur erfolgen, indem die ersten Stellen der KKS-Nummer, die sich auf den Einbauort beziehen, weggelassen werden. Damit können gleichartige Elemente selektiert werden und deren zugeordnete Elemente im PSP geplant (d.h. zeitlich verschoben) werden.

5.1.7. Die Vorzugsreihenfolge

Das Ergebnis der manuellen Reihenfolgeplanung nach dem Erstaufbau eines Projektstrukturplanes ist die Vorzugsreihenfolge VRF. Sie ist eine mögliche Anordnung aus der Menge aller Permutationen zur Anordnung der Elemente des Projektstrukturplanes. Die VRF ist ausschließlich nach technischen Gesichtspunkten definiert, auf Basis der Beziehungen durch die Strukturebenen und einer manuellen Planung. Die Vorzugsreihenfolge VRF definiert eine bestimmte Reihenfolge, eine bestimmte Permutation Π des optimierten PSP. Dabei bleibt die relative Reihenfolge der Anfangszeiten seiner Elemente erhalten:

$I = $ Anzahl der Knoten im PSP,

$i \in 1..I,$

$$\Pi_i \in \{ \Pi (AZ_j \mid j \in S\ddot{o}hne(i) \}$$

$$\exists \quad genau\ ein \quad \Pi_{VRF} \in \{\Pi_1, \Pi_2, ..., \Pi_l\}$$

5.1.8. Ermittlung von Pufferzeiten und kritischem Pfad

Nach Ermittlung der Pufferzeiten zwischen den Elementen / Vorgängen der VRF bzw. des PSP läßt sich ein kritischer Pfad wie in der Netzplantechnik ermitteln, aufeinanderfolgende Elemente ohne Pufferzeit liegen auf dem kritischen Pfad.

PZ = Pufferzeit, für die gilt:

$i \in$ Baum, PSP-Ebene(i) $\neq$ Gesamtanlage:

1. Fall $AZ_i = AZ_j$: $PZ_{ij} = 0$
2. Fall $EZ_i = EZ_j$: $PZ_{ij} = 0$
3. Fall sonst : $PZ_{ij} = EZ_j - AZ_j - D_i$ für $j = $ Vater(i).

5.2. Optimierung durch Kapazitätsabgleich

5.2.1. Ressource Personal

Zu den Ressourcen gehört im wesentlichen das Personal, das sich aufteilt in Eigen- und Fremdpersonal. Diese Unterscheidung ist für das Verfahren nicht von Bedeutung, da sich das Eigen - bzw. Fremdpersonal jeweils auf einzelne Kapazitätsgruppen / Gewerke aufteilt, die gleichrangig nebeneinander stehen. Entscheidend ist die Qualifikation der Kapazitätsgruppe, wobei unterstellt wird, daß innerhalb einer Kapazitätsgruppe gleiche Qualifikation vorliegt. Hiervon abweichende Qualifikationsprofile werden nicht berücksichtigt [5.5] . Zu berücksichtigen sind bei der Ressource Personal die Anzahl Mitarbeiter pro Ressource Personal / Kapazitätsgruppe und die Qualifikation der Kapazitätsgruppe.

Es gibt 1 bis T Zeiteinheiten im PSP sowie 1 bis R Kapazitätsgruppen

P_r = Anzahl Mitarbeiter zur Kapazitätsgruppe r

p_r = Mitarbeiter (MA) einer Kapazitätsgruppe r

AT = Kapazitätsangebot (Anzahl Stunden) pro Zeiteinheit pro MA

ÜAT = zusätzliches Überstundenkapazitätsangebot pro Zeiteinheit pro MA

Ω_{rt} = Kapazität pro Zeiteinheit der Kapazitätsgruppe r

5.5   Praktisch bedeutet dies die Aufteilung der Kapazitätsgruppe in zwei oder mehrere Teilgruppen gleicher Qualifikation.

$$\Omega_{rt} = \sum_{p_r \in 1}^{P_r} (AT_{p_n} + \ddot{U}AT_{p_n})$$

Ω_{rt} ist abhängig von Größen wie normaler Feiertag, besonderer Feiertag, Wochenende, Überstunden und Restriktionen wie z.B. maximaler Arbeitszeit.

Bei der Ressource Personal sind Restriktionen wie beispielsweise die maximal einsetzbare Anzahl Mitarbeiter an einem Vorgang (verfahrensbedingte Restriktion) sowie die gesetzlich vorgeschriebene, maximale Arbeitszeit pro Mitarbeiter und Tag zu beachten. Darüberhinaus sind die Besonderheiten des "Abfeierns" von Überstunden, die maximale Wochenarbeitszeit pro Mitarbeiter und die Besonderheiten bei Feiertagen zu berücksichtigen. Hier spielen neben gesetzlichen auch tarifrechtliche Fragen eine Rolle. Zudem muß berücksichtigt werden, daß bei einer hohen Anzahl eingesetzter Fremdfirmen Infrastruktureinrichtungen wie Toiletten, Umkleideräume sowie Unterkünfte als Restriktionen eine Rolle spielen können.

Zur exakten Anpassung des Kapazitätsbedarfes an das Kapazitätsangebot sind folgende Restriktionen und Besonderheiten zu berücksichtigen, die die AVO's sowie die Gewerke / Kapazitätsgruppen betreffen. Bezüglich der Vorgänge liegen als Restriktionen vor:

minQual = Mindestanforderung des Mitarbeiters an die Qualifikation

$maxP_{AVO}$ = Maximal mögliche Mitarbeiteranzahl zum Vorgang

$maxT_{AVO}$ = Maximale Arbeitszeit pro Mitarbeiter und Tag für diesen Vorgang

(beispielsweise bei Arbeiten in strahlenbelasteten Räumen).

Darüberhinaus sind zur Kapazitätsgruppe zu berücksichtigen:

$maxP_{rt}$ = maximal einsetzbare MA pro Kapazitätsgruppe zur Zeiteinheit t

$\ddot{U}AT_{(1)}$ = Überstundenangebot pro MA für normalen Arbeitstag

$\ddot{U}AT_{(2)}$ = Überstundenangebot pro MA für Wochenende / normaler Feiertag

$\ddot{U}AT_{(3)}$ = Überstundenangebot pro MA an besonderen Feiertagen

$C_{AT(1)}$ = Lohnkosten je MA pro Zeiteinheit (Normalarbeitstag)

$C_{AT(2)}$ = Lohnkosten je MA pro Zeiteinheit (Wochenende/ normaler Feiertag)

$C_{AT(3)}$ = Lohnkosten je MA pro Zeiteinheit (besondererFeiertag)

$C_{\ddot{U}AT(1)}$ = Überstundenlohnkosten je MA pro Zeiteinheit (Normalarbeitstag)

$C_{\ddot{U}AT(2)}$ = Überstundenlohnkosten (Wochenende / normaler Feiertag)

$C_{\ddot{U}AT(3)}$ = Überstundenlohnkosten (besonderer Feiertag)

5.2.2. Ressourcen Material und Betriebsmittel

Neben der Ressource Personal sind die Ressourcen Material und Betriebsmittel zu berücksichtigen [5.6].

Die Ressource Material m ist durch die Materialnummer zur eindeutigen Identifizierung des notwendigen Materials gekennzeichnet

km = Materialmenge

Die Verfügbarkeit der Materialmenge zum notwendigenTermin im PSP wird durch Reservierung gewährleistet [5.7].

Die Ressource Betriebsmittel b ist durch die Betriebsmittelnummer zur eindeutigen Identifizierung des notwendigen Betriebsmittels gekennzeichnet.

kb = Betriebsmittelmenge

Wartungszeiten für ein Betriebsmittel werden nicht unterstüzt. Eine mögliche Nichtverfügbarkeit wird durch Reduzierung der Gesamtkapazität des Betriebsmittels berücksichtigt.

5.2.3. Gegenüberstellung des Personalkapazitätsbedarfes und des -angebotes

Zum Kapazitätsabgleich wird die aktuelle Kapazitätssituation des PSP bzw. der VRF dargestellt. Hierzu werden der Bedarf an Personalkapazität - Kapazitätsgebirge - dem Angebot an Personalkapazität gegenübergestellt.

Durch Selektion der einzelnen Vorgänge nach Kapazitätsgruppen kann ein Personalkapazitätsgebirge ermittelt werden. Dieses Gebirge ergibt sich aus der Reihenfolge der Arbeitsvorgänge und stellt den Kapazitätsbedarf pro Zeiteinheit (Woche oder Tag) und Kapazitätsgruppe dar. Das Kapazitätsangebot berechnet sich aus der Addition der pro Zeiteinheit zur Verfügung stehenden Stunden aller einsetzbaren Mitarbeiter der Kapazitätsgruppe.

T = Anzahl Zeiteinheiten t im betrachteten Zeitabschnitt zur Revision

---

5.6. Weitere Ressourcen können beispielsweise Planungs- und Rechnerkapazitäten sein.

5.7 Lieferzeiten in die Formeln zu integrieren ist nur schwierig realisierbar, da ein AVO kein Summenbalken ist. Am einfachsten wäre die Lösung, Lieferzeiten nicht zu berücksichtigen. Andernfalls können sie durch Wartezeiten simuliert werden.

$$x_{it} = \begin{cases} 1 & \textit{Vorgang i wird in Periode t bearbeitet} \\ 0 & \textit{sonst} \end{cases}$$

$$Kapazitätsangebot(r) = \sum_{t=1}^{T} \Omega_{rt}$$

$$\lambda_{rt} = \sum_{\forall\, j \in Baum} \frac{VOL_{ijr}}{D_i} * x_{it}$$

$$Kapazitätsbedarf(r) = \sum_{t=1}^{T} \lambda_{rt}$$

$\lambda_{rt\varnothing}$ = durchschnittlicher Kapazitätsbedarf pro Zeiteinheit der Kapazitätsgruppe r.

$$\lambda_{rt\varnothing} = \frac{\sum_{t=1}^{T} \lambda_{rt}}{T}$$

Zur Darstellung des Kapazitätsangebotes pro Tag muß jeder Tag explizit betrachtet werden, dadurch können Wochenenden und Feiertage ebenfalls berücksichtigt werden. Hierzu ist ein Kalender zu bilden, der pro Gewerk und Tag den möglichen Einsatz der Kapazitätsgruppen im Zuge der unterschiedlichen Überstundenregelungen aufzeigt und festlegt. Eine genaue Differenzierung pro Gewerk und darüberhinaus pro Mitarbeiter und Tag ist insbesondere auch deswegen notwendig, da bei Fremdfirmen abweichende Regelungen gegenüber den eigenen Mitarbeitern vorliegen können (Firmen aus verschiedenen Tarifgebieten, ausländische Firmen). Deswegen ist für jede Kapazitätsgruppe (pro Mitarbeiter und Tag) die maximale Anzahl Arbeitsstunden und ein notwendiger Überstundenausgleich zu berücksichtigen.

5.2.4. Kapazitätsabgleich beim Personal

Der Personalkapazitätsabgleich hat die Aufgabe, den Kapazitätsbedarf mit dem Kapazitätsangebot zur Deckung zu bringen. Vor der Revision wird zusätzlich eine Kapazitätsnivellierung durchgeführt, indem eine möglichst gleichmäßige Auslastung der Kapazitätsgruppen durch die optimale Verteilung der Vorgänge innerhalb der äußeren Grenzen zur Revision angestrebt wird. Die äußeren Grenzen der Revision, Revisionsstart- und -endetermin sind aus der Reihenfolgeplanung - die technisch-logische Abläufe, explizite und implizite Abhängigkeiten berücksichtigt - entstanden. Damit kann davon ausgegangen werden, daß der sich aus der VRF ableitende Kapazitätsbedarf und die sich ergebenden Revisionsgrenzen sinnvoll sind [5.8]. Während der Revision erfolgt der Kapazitätsabgleich ohne Nivellierung.

Der Kapazitätsabgleich erfolgt nach dem Auswählen der Strukturgrenze und des Planungsrasters (z.B. Woche). Vor der Revision wird zur Kapazitätsnivellierung aus dem Kapazitätsgebirge die durchschnittliche Kapazitätsbelastung pro Gewerk im Planungsraster ermittelt. Daraus wird der durchschnittliche Tageskapazitätsbedarf pro Gewerk abgeleitet. Dieser Tageskapazitätsbedarf wird um einen Faktor erhöht, der der möglichen Überstundenanzahl pro Tag entspricht. Hintergrund dieses Vorgehens ist einerseits die Anforderung, daß Spielraum für Verschiebungen vorhanden sein muß. Denn es ist unrealistisch, innerhalb einer Woche alle Vorgänge so zu verschieben, daß jeden Tag der gleiche Kapazitätsbedarf vorliegt. Hier müssen Abweichungen möglich sein, um die gesetzte Reihenfolge der Vorgänge nicht zu sehr zu beeinflussen. Andererseits schafft die Orientierung an der Überstundenanzahl Flexibilität für das einzelne Gewerk, die Kapazitätsspitzen ohne Einsatz zusätzlicher Mitarbeiter abzuarbeiten.

Anschließend erfolgt die linksbündige Auslastung des Kapzitätsbedarfes mit dem zur Verfügung stehenden Kapazitätsangebot. Dabei verschieben sich die Vorgänge, wobei versucht wird, die Kapazitätsgruppen so auszulasten, daß die durchschnittliche Auslastung und der Überstundenanteil pro Tag nicht überschritten wird. Dabei werden die Fixtermine und die Grenzen, die durch das Equipment gesetzt sind, berücksichtigt. Die Grenze zum Equipment ist wichtig, da ab hier Beziehungen zum Einbauort betroffen sind, während innerhalb der Grenzen des Equipments nur ablauforganisatorische Beziehungen der Vorgänge tangiert werden.

Während der Revision wird keine Durchschnittsbelastung ermittelt, hier wird taggenau ausgelastet, wobei ebenfalls der Überstundenanteil pro Tag nicht überschritten wird. Fixtermine und Equipmentgrenzen werden ebenfalls berücksichtigt.

KAPAZITÄTSAUSLASTUNG MIT NIVELLIERUNG :

$$\Omega_{rt} >= \lambda_{rt\varnothing}$$

KAPAZITÄTSAUSLASTUNG OHNE NIVELLIERUNG :

$$\Omega_{rt} >= \lambda_{rt}$$

Ist durch die bisherige Vorgehensweise das Kapazitätsangebot nicht zu befriedigen, so müssen die gewählten Grenzen ausgeweitet werden. Damit nehmen zwar die Freiheitsgrade zur Planung zu, die Übersichtlichkeit nimmt jedoch ab, denn es sind mehr Vorgänge zu verplanen.

5.8   Die Dauer der Revision wird in diesem Schritt noch nicht optimiert. Eine Verkürzung der Dauer der Revision ist Ziel der Optimierung unter Punkt 5.3.

Hierzu bestehen nun mehrere Möglichkeiten, die unabhängig voneinander sind und beliebig eingesetzt werden können, entsprechend dem zu erwartenden Erfolg:

☐ Veränderung der fixen Splittung und damit der Dauer eines Auftrages

☐ Ausnutzen des vollen Überstundenpotentials während der Revision (Feiertage und besondere Feiertage)

☐ Wählen einer anderen Kapazitätsgruppe gleicher Qualifikation

☐ Ermittlung des durchschnittlichen Kapazitätsbedarfes für die betroffenen Vorgänge auf Basis des Monatsrasters, d.h. Hochsetzen des Planungszeitraumes

☐ Hochsetzen der Grenzen zum Verschieben der Vorgänge von Equipmentebene auf eine definierte KKS-Ebene.

Formal ergibt sich folgende Darstellung:

DER ABGEGLICHENE PROJEKTSTRUKTURPLAN

Der abgeglichene PSP* stellt eine weitere spezielle Reihenfolge aller möglichen

Permutation zur Bildung des PSP dar, bei der die technische Reihenfolge unter

dem Gesichtspunkt der zur Verfügung stehenden Kapazität verändert wird.

Randbedingungen:

Die Dauer von Vorgängen ist immer ein Vielfaches der Zeiteinheit Tag; die Bearbeitung eines Vorgangs erfolgt am Stück, also ohne Unterbrechung; die Kapazitäten werden in jeder Zeiteinheit der Vorgangsdauer einmal benötigt; die Dauer der Revision wird am Anfang festgelegt (konstant); der PSP ist zyklenfrei (gilt aufgrund der Konstruktion des Baumes, falls keine expliziten Abhängigkeiten definiert wurden); Vorgänge die gesplittet werden, werden als zwei neue Vorgänge behandelt; der Meilenstein eines gesplitteten Vorgängs wird an die neuen Vorgänge vererbt; die Zielfunktion berücksichtigt die Vorzugsreihenfolge als „Kosten".

Für die Nivellierung sind folgende Größen skalierbar:

Die Kapazitätsgruppe r; das zugehörige Überstundenpotential ÜAT; die Verschiebbarkeit aller Vorgänge einer Ebene.

Ein Kapazitätsabgleich muß dann stets folgende Bedingungen erfüllen:

- Grenze des Equipments / einer höheren Ebene im PSP

    legt die Zeiteinheit t $\in$ 1 ... T fest

- Binärvariable:

$$x_{it} = \begin{cases} 1 & \textit{Vorgang i wird in Periode t bearbeitet} \\ 0 & \textit{sonst} \end{cases}$$

- Für die Zielfunktion Z gilt:

$$Minimiere\ Z(x,S,V_{move}) = q_1 * \sum_{t=1}^{T}\sum_{i=1}^{I+S}\sum_{r=1}^{R}|\lambda_{rt} - \Omega_{rt}| + q_2 * S + \sum_{\forall j \in V_{move}} q_3^{\ max\ Ebene\ -\ Psp-Ebene(i)}$$

Dabei ist S die Anzahl gesplitteter Vorgänge, V_{move} ist die Menge der verschobenen Vorgänge und q sind Gewichtungsfaktoren
- Alle Vorgänge müssen genau einmal ausgeführt werden:

$$\sum_{t=AZ_i}^{EZ_i} x_{it} = D_i \quad \forall i \in 1,...,I+S$$

- Die Vorzugsreihenfolge im Projektstrukturplan wird eingehalten:

$$\max\{t * x_{ht} | AZ_h \le t \le EZ_h\} \le \min\{t * x_{it} | AZ_i \le t \le EZ_i\} \quad \forall i \in 1,...,I+S, \forall h \in V_i$$

- Einhaltung der Ressourcen:

$$\lambda_{rt} \le \Omega_{rt} \quad \forall t \in 1,...,T; \forall r \in 1,...,R$$

- Nebenbedingungen für die Binärvariable:

$$x_{it} \in \{0,1\} \quad \forall t \in 1,...,T; \forall i \in 1,...,I+S$$

- Nebenbedingungen für Meilensteine:

M_{meile} = Menge der Vorgänge, die einen Meilenstein enthalten.

MV_{FT} = Menge der Vorgänge, die mittelbar zu einem Meilenstein FT gehören.
Ein Vorgang kann nur zu einem Meilenstein gehören.

$$\max\{t * x_{ht} | AZ_h \le t \le EZ_h\} \le \min\{t * x_{FTt} | AZ_{FT} \le t \le EZ_{FT}\} \quad \forall FT \in M_{meile}; \forall h \in MV_{FT}$$

- Nebenbedingungen für explizite Abhängigkeiten:

$\forall$ Anfangsfolgen: $\quad AZ_{AVO\_A} + ZAT <= AZ_{AVO\_B}$

$\forall$ Sprungfolgen: $\quad AZ_{AVO\_A} + ZAT <= EZ_{AVO\_B}$

$\forall$ Normalfolgen: $\quad EZ_{AVO\_A} + ZAT <= AZ_{AVO\_B}$

$\forall$ Endfolgen: $\quad EZ_{AVO\_A} + ZAT <= EZ_{AVO\_B}$

5.2.5. Kapazitätsabgleich beim Material und bei Betriebsmitteln

Ebenso wie bei der Personalkapazität ist der Bedarf an Material und Betriebsmitteln den jeweiligen Angeboten gegenüberzustellen:

m = Material m $\in$ 1,...,M.

$\forall$ i $\in$ Baum und PSP-Ebene(i) = Material gilt [5.9]:

$$\sum_i km_{mi} \leq zur\ Verfügung\ stehendes\ km_m \quad \forall m \in 1..M$$

Neben der Lieferzeit beim 1. Lieferanten ist die Lieferzeit bei Alternativlieferanten oder Alternativmaterialien zu berücksichtigen.

Der Abgleich bei Betriebsmitteln erfolgt analog zur Personalkapazität, die Befriedigung des Bedarfes erfolgt durch schrittweise Auslastung der zur Verfügung stehenden Betriebsmittel:

b = Betriebsmittel b $\in$ 1,...,B.

$\forall$ i $\in$ Baum und PSP-Ebene(i) = Betriebsmittel gilt:

$$\sum_i kb_{bi} \leq zur\ Verfügung\ stehendes\ kb_b \quad \forall b \in 1..B$$

Bei dem Ausgleich wird davon ausgegangen, daß die Betriebsmittel nacheinander reserviert werden. Ein simultanes Reservieren wird wegen der höheren Planungskomplexität nicht berücksichtigt.

5.3. Optimierung zur Verkürzung der Revisionsdauer

5.3.1. Minimierung der Durchführungsdauer

Die Optimierung durch Kapazitätsabgleich hat die Aufgabe, eine möglichst gleichmäßige Auslastung der Ressourcen bzw. die Deckung der Kapazitätsnachfrage zu erreichen, ohne jedoch die Zeitdauer der Revision zu beeinflussen, d.h. zu verkürzen. Im folgenden soll nun das Verfahren um das Vorgehen zur Verkürzung der Revisionszeit erweitert werden.

Es ist zu fragen, inwieweit Vorgänge parallelisiert werden können, um den gesamten Zeitbedarf der Revision zu verkürzen. Dabei wird vor der Revision von

---

5.9   Lieferzeiten sind beim Material nicht berücksichtigt.

der Vorzugsreihenfolge VRF ausgegangen, ohne die Verschiebung der Vorgänge durch die Kapazitätsnivellierung zu berücksichtigen. Dies ist insofern sinnvoll, da bei den Verschiebungen durch die Kapazitätsnivellierung die Vorgänge nach dem Kriterium einer möglichst gleichmäßigen Auslastung unter Einhaltung der Kapazitätsgrenzen optimiert wurden. Nun jedoch verschiebt sich eine der beiden Kapazitätsgrenzen - das Revisionsende - zeitlich nach vorn. Damit ist die Nivellierung hinfällig, es ist sinnvoller zum Ausgangspunkt, zur VRF zurückzukehren.

Während der Revision wird von einem Teilausschnitt des jeweils aktuellen Projektstrukturplanes ausgegangen.

Wovon hängt nun eine Parallelisierung der Vorgänge ab? Zwei Argumente lassen sich anführen:

1) die maximale Splittung von Personal pro Vorgang, d.h. wieviel Mitarbeiter können maximal an einem Vorgang beteiligt werden - Stauchung eines Vorganges

2) die technisch bedingte Einhaltung einer Reihenfolge von Vorgängen - Suche nach freier Pufferzeit

Die Klärung des ersten Argumentes ist trivial, da die maximale Anzahl Mitarbeiter relativ einfach bestimmt werden kann, durch das Lesen von max_k eines AVO-Elementes. Der Aufwand des Bestimmens ist jedoch nicht zu unterschätzen. Zur Suche nach freier Pufferzeit werden jeweils die längsten Elemente im Baum der VRF bis zur AVO-Ebene durchlaufen. Auf der AVO-Ebene wird der maximale Splittinggrad und die maximale Parallelisierung der Vorgänge durchgeführt.

<u>VORGEHEN ZUR REDUZIERUNG DER DURCHFÜHRUNGSDAUER :</u>

1) Bestimme das Element i mit der größten Dauer D;

2) Bestimme die Pufferzeit der Söhne von i.

3a) falls eine Pufferzeit existiert: schiebe die Söhne von i soweit zusammen wie es möglich ist.

3b) falls Söhne der Ebene AVO vorhanden sind: stauche die AVO's durch Vergrößern von k auf max_k soweit zusammen wie es möglich ist.

3c) falls weder 3a) noch 3b) möglich ist: nehme von den restlichen Elementen das i mit der größten Dauer und gehe zu Punkt 2. Falls kein Element mehr vorhanden ist gehe zu Punkt 4.

4) Der Projektstrukturplan ist bezüglich der Durchführungsdauer reduziert.

FORMEL ZUR MINIMIERUNG DER DURCHFÜHRUNGSDAUER:

- Binärvariable:

$$x_{it} = \begin{cases} 1 & Vorgang\ i\ wird\ in\ Periode\ t\ bearbeitet \\ 0 & sonst \end{cases}$$

- Für die Zielfunktion Z gilt:

$$Minimiere\ \ Z(x) = \max(\sum_{i=1}^{I+S} \sum_{t=AZ_i}^{EZ_i} t * x_{it})$$

Dabei ist S die Anzahl gesplitteter Vorgänge, V_{move} ist die Menge der verschobenen Vorgänge und q sind Gewichtungsfaktoren

- Alle Vorgänge müssen genau einmal ausgeführt werden:

$$\sum_{t=AZ_i}^{EZ_i} x_{it} = D_i \quad \forall i \in 1,...,I+S$$

- Nebenbedingungen für die Binärvariable:

$$x_{it} \in \{0,1\} \quad \forall t \in 1,...,T; \forall i \in 1,...,I+S$$

- Einhaltung der Ressourcen:

$$\lambda_{rt} \leq \Omega_{rt} \quad \forall t \in 1,...,T; \ \forall r \in 1,...,R$$

- Nebenbedingungen für Meilensteine:

M_{meile} = Menge der Vorgänge, die einen Meilenstein enthalten.

MV_{FT} = Menge der Vorgänge, die mittelbar zu einem Meilenstein FT gehören.

Ein Vorgang kann nur zu einem Meilenstein gehören.

$$\max\{t * x_{ht} | AZ_h \leq t \leq EZ_h\} \leq \min\{t * x_{FTt} | AZ_{FT} \leq t \leq EZ_{FT}\} \quad \forall FT \in M_{meile}; \forall h \in MV_{FT}$$

- Nebenbedingungen für explizite Abhängigkeiten:

$\forall$ Anfangsfolgen: $\qquad AZ_{AVO\_A} + ZAT <= AZ_{AVO\_B}$

$\forall$ Sprungfolgen: $AZ_{AVO\_A} + ZAT <= EZ_{AVO\_B}$

$\forall$ Normalfolgen: $EZ_{AVO\_A} + ZAT <= AZ_{AVO\_B}$

$\forall$ Endfolgen: $EZ_{AVO\_A} + ZAT <= EZ_{AVO\_B}$

Der Projektstrukturplan bei dem die Dauer. minimal ist, wird als PSP O_D bezeichnet. Als Abbruchkriterium kann das Abarbeiten aller Elemente oder auch eine bestimmte Elementelänge (Zeitdauer) gelten.

5.3.2. Optimierung der Durchführungskosten

Bei der Optimierung der Durchführungsdauer ist eine maximale Stauchung des PSP [<5.10] erfolgt, wobei die technischen Möglichkeiten sowie der zulässige Personaleinsatz maximal ausgenutzt wurden. Nun sollen als weiteres Kriterium die Kosten berücksichtigt werden. Dabei wird vorausgesetzt, daß die VRF eine sinnvolle Anordnung darstellt, aber noch Verkürzungspotentiale in der Durchführungsdauer bietet, während PSP O_D die maximal kürzeste Revisionsdurchführungszeit besitzt.

Somit ergeben sich zwei Extreme:

- ☐ VRF mit langer Ausführungsdauer (ohne Ausnutzung der Kapazitätsreserve) aber mit geringen Kosten, da keine Überstundenpotentiale genutzt werden,

- ☐ sowie PSP O_D mit kürzester Ausführungsdauer (mit Ausnutzung der Kapazitätsreserve) aber höchsten Kosten, da die maximal möglichen Überstundenpotentiale ausgenutzt werden.

Als Kosten (Kostenfunktion der Kapazitätsreserve), die bei einer Stauchung zusätzlich entstehen sind zu berücksichtigen:

die jeweiligen Überstundensätze, zusätzliche Reisekosten, erhöhte Unterbringungskosten, Kosten für eine erhöhte Aufsichtsdichte insbesondere bei Nachtarbeit, Kosten für eine verringerte Effektivität in der Ausführung ebenfalls insbesondere bei Nachtarbeit, Kapitalkosten durch frühzeitige Ausführung der Arbeiten. Lohn(p,r,t) berechnet das Gehalt des Mitarbeiters p, der zur Kapazitätsgruppe r gehört, für die Zeiteinheit t. Das Gehalt ist abhängig von der Lage der Zeiteinheit t (normaler Arbeitstag, Wochenende, normaler Feiertag, besonderer Feiertag) sowie eventuellen Überstunden von p.

5.10   Die Optimierung der Durchführungskosten ist nur vor der Revision interessant (-> Kapitel 4.), deswegen wird im folgenden nur von der VRF und nicht von dem jeweils aktuellen PSP ausgegangen.

Für einen PSP entstehen die Kosten:

$$Lohnkosten(PSP) = \sum_{t=1}^{T} \sum_{r=1}^{R} \sum_{p \in P_n} Lohn(p,r,t)$$

Durch die Verkürzung der Ausführungsdauer kann das Kraftwerk frühzeitiger ans Netz gehen, wodurch einerseits Ersatzstrombeschaffungskosten sowie Zinskosten für die Ersatzstrombeschaffung wegfallen und andererseits Strom verkauft werden kann (Ersatzstrombeschaffungsfunktion).

Zur Bestimmung der Kostenfunktion existieren zwei Geraden:

Koordinatensystem:　　　x　　　[Zeiteinheit],

　　　　　　　　　　　　y　　　[DM].

1) Gerade für die Ersatzstrombeschaffung

$$y = \frac{Ersatzstromkosten}{Zeiteinheit} * x \qquad , x = Anzahl\ Zeiteinheiten$$

2) Die Projektstrukturpläne für PSP_{RDOK} und $PSP_{RDMK} = PSP\ O_D$ definieren zwei Punkte auf einer Geraden:

$K_{RDOK} = Lohnkosten[PSP_{RDOK}]$ und $t_{RDOK} = $ Projekdauer RDOK

RDOK = Revisionsdauer ohne Ausnutzen der Kapazitätsreserve

$K_{RDMK} = Lohnkosten[PSP_{RDMK}]$ und $t_{RDMK} = $ Projekdauer RDMK

RDMK = Revisionsdauer mit Ausnutzen der Kapazitätsreserve

$$\Rightarrow P1 = (t_{RDOK}, K_{RDOK})\ und\ P2 = (t_{RDMK}, K_{RDMK})$$

Gerade für die Revisionskosten (Interpolation):

$$y = \frac{K_{RDMK} - K_{RDOK}}{t_{RDMK} - t_{RDOK}} * (x - t_{RDOK}) + K_{RDOK}$$

Die kostenoptimale Revisionsdurchführung ergibt sich nun aus dem Gegenüberstellen der Zusatzkosten durch Revisionsdauerverkürzung und dem Gewinn durch das frühzeitigere "ans Netz gehen".

Somit stehen die ermittelten Zeitdauern des PSP_{RDOK} unter Einhaltung der VRF sowie PSP_{RDMK} für die Optimierung zur Verfügung. Bei vorausgesetzter linearer Ersatzstrombeschaffungsfunktion kann ein Ersatzstrombeschaffungspreis pro Zeiteinheit berücksichtigt und für die Zeitpunkte t_{RDMK} mit den Kosten K_{RDMK} und t_{RDOK} mit den Kosten K_{RDOK} ermittelt werden. Die Ermittlung der Kosten für die Kapazitätsreserve ergibt die Kostenfunktion der Kapzitätsreserve, die im Punkt t_{RDMK} ihr Maximum hat und im Verlauf bis zum Punkt t_{RDOK} auf den Wert 0 fällt.

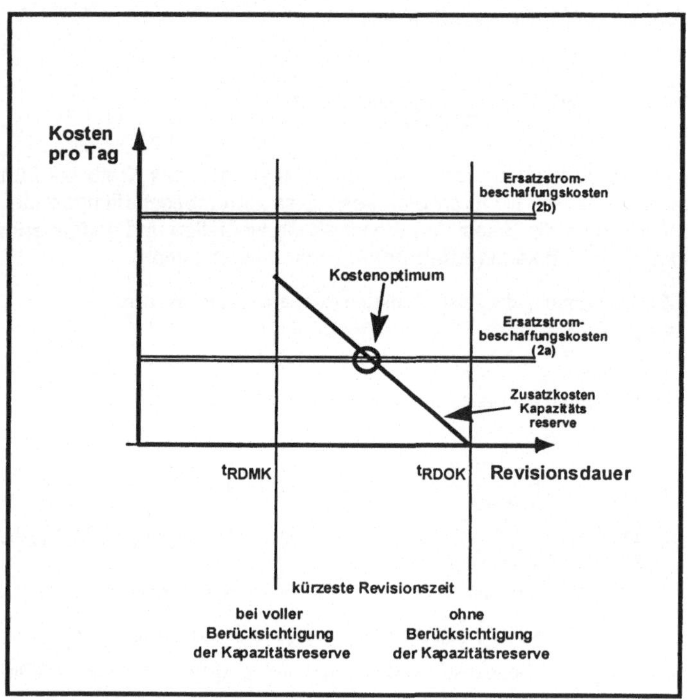

Abbildung 5.4: Optimierungsfunktion

Dies wird sofort einsehbar, da keine zusätzlichen Kosten anfallen, wenn die Kapazitätsreserve nicht genutzt wird bzw. maximale Zusatzkosten anfallen bei voller Ausnutzung der möglichen Reservepotentiale. Zudem müssen nur die Zusatzkosten der Kapazitätsreserve berücksichtigt werden, da die übrigen Kosten für die Revision identisch bleiben und für die Optimierung nicht interessieren. Die Frage der Optimierung lautet:

Wieviel zusätzliche Kapazität kann in Anspruch genommen werden, so daß die zusätzlichen Kosten die Einsparung durch Nichtinanspruchnahme von Ersatzstrom nicht übersteigen?

Das Kostenoptimum fällt in den Schnittpunkt der ersten Ableitungen der Kapazitätsreservekosten- und der Ersatzstrombeschaffungskostenfunktion. Dies ist der Fall, wenn die Ersatzstrombeschaffungskosten pro Tag in t_{RDMK} kleiner sind als die Kosten der zusätzlichen Kapazität, wie in -> Abbildung 5.4 mit den Ersatzstrombeschaffungskosten 2a dargestellt. Ist dies nicht der Fall (Ersatzstrombeschaffungskosten 2b) so kann kein Optimum berechnet werden.

Deswegen wird zuerst die kürzeste Revisionszeit unter Berücksichtigung der maximalen Kapazitätsreserve ermittelt und die entstehenden Zusatzkosten berechnet. Nur wenn diese Zusatzkosten größer als die Ersatzstrombeschaffungskosten im Zeitpunkt t_{RDMK} sind, erfolgt eine Berechnung. Andernfalls liegt die Lösung in t_{RDMK}.

<u>VORGEHEN ZUR OPTIMIERUNG DER DURCHFÜHRUNGSKOSTEN</u>

1) Erzeuge einen PSP.

2) Nivelliere diesen PSP.

3) Ermittle die Lohnkosten des PSP für RDOK.

4) Ermittle die Projektdauer für diesen PSP

5) Minimiere die Durchführungsdauer.

6) Ermittle die Lohnkosten des PSP für RDMK.

7) Ermittle die Projektdauer für diesen PSP

8) Berechne die Optimale Projektdauer x mittels der folgenden Formel:

$$\frac{K_{RDMK} - K_{RDOK}}{t_{RDMK} - t_{RDOK}} * (x - t_{RDOK}) + K_{RDOK} = \frac{Ersatzstromkosten}{Zeiteinheit} * x$$

9) Führe für den PSP, bei optimaler Projektdauer, eine Nivellierung durch.

Auf Basis der minimalen Durchführungsdauer PSP O_D und der optimalen Revisionsdauer PSP O_K kann dann ein Optimalmaß angegeben werden. Damit ist es möglich, während der manuellen Planung und nach Durchführung eines Kapzitätsabgleiches den Abstand von der "besten" Lösung anzugeben:

$$Abweichung = \frac{\sum_{t=1}^{T} \sum_{r=1}^{R} |\lambda_{tr} - \Omega_{tr}|}{\sum_{t=1}^{T} \sum_{r=1}^{R} \lambda_{tr}} \quad [\%]$$

6. Der Verfahrensablauf zur Revisionsplanung und -steuerung

Wurden in -> Kapitel 5. die wesentlichen Grundlagen für einen verbesserten Planungsansatz zur Revisionsplanung und -steuerung konzipiert, so soll nun im folgenden die Verfahrensweise zur Anwendung des Ansatzes bei der Revisionsabwicklung erarbeitet werden. Dies geschieht insbesondere unter Berücksichtigung der in -> Kapitel 4. geäußerten Defizite an der bisherigen Verfahrensweise der Revisionsabwicklung, die unter den Stichworten Projektmanagement und Netzplantechnik zusammengefaßt sind. In dem hier entwickelten Ansatz wird deutlich, daß sich die Rolle des Planers, aber auch der Ausführenden bei einer Kraftwerksrevision ändert, und daß unter Zuhilfenahme von EDV-Werkzeugen zur Visualisierung und bei Anwendung der in -> Kapitel 5. entwickelten mathematischen Grundlagen die Planungskomplexität einer Revision besser, d.h. kostenoptimaler beherrscht werden kann. [6.1] " Nach wie vor gilt der alte Grundsatz "Erst organisieren, dann computerisieren" oder - anders ausgedrückt - Organisation und DV-Unterstützung müssen zusammenpassen ... " /HEE 90, S. 470 /

6.1. Voraussetzungen für den Verfahrensablauf

6.1.1. Dezentralisierung der Ausführungsverantwortung

" Beachtenswerte Projekterfolge werden auf einem Weg errungen, der gleichbedeutend ist mit fortwährendem Abwenden von drohenden Mißerfolgen. Das "Managen" projekthafter Prozesse ist ein Durch-Führen, oder besser ein Hindurch-Müssen durch eine unvorhersehbare Kette kleinerer und größerer Krisensituationen. Projektmanagement ist eigentlich eine besondere Form von Krisenmanagement. Immer wieder gilt es, nicht geplante Ereignisse, Störungen, persönliches Fehlverhalten u. dgl. aufzufangen und auszugleichen. " /BAL 89, S.1043 / Dieses konstruktive Krisenmanagement findet jedoch häufig genug nicht statt, denn:

   ☐ das Projektmanagement erfolgt rein deterministisch mit zentralistischen Planungsvorgaben /BAL 89, S. 1046/,

---

6.1   Die Thematik der Dezentralisierung von Planungsaufgaben mit mehr Verantwortung an die Ausführenden, Team- und Gruppenarbeitskonzepte werden dabei nur angerissen, es ist eine eigenständige Thematik. Hier soll der Schwerpunkt auf die Kombination von Verfahrensweisen aus dem Operations Research, Elementen der Netzplantechnik und der sinnvollen Unterstützung von EDV-Technik unter dem Aspekt einer Dezentralisierung gelegt werden.

☐ Netzpläne und Algorithmen, die klassischen Verfahren des Operations Research, stellen das Ideal eines kontrollierten, deterministischen Projektablaufes dar /BAL 89, S. 1044/. Sie sind aber in ihrer "reinen" Form ungeeignet für die Planung und Steuerung einer Revision, die einen erheblichen Anteil unplanbarer oder nur unzureichend planbarer Arbeiten enthält und somit einen eher nicht-deterministischen Charakter hat.

☐ bisher liegt das Bring-Prinzip für Informationen durch Stabsstellen und Hierarchie vor, die den Werktätigen (nach zentral vorgegebenen Maßstäben) mit Information versorgt haben /KÜH 93, S. 67/,

☐ der EDV-Einsatz, als unfehlbares Werkzeug propagiert, verschärft den Determinismus im Projektmanagement und zudem ist der Computer nicht in der Lage, eine größere Komplexität, wie sie im Rahmen einer Revision vorliegt, abzubilden. /BAL 89, S. 1046 /

Zusammengefaßt bildet die Netzplantechnik im Rahmen eines umfassenden Projektmanagements ein deterministisches Planungsgerüst, hinter dem konventionelle klassische hierarchische Organisationsprinzipien stehen. Genau hier kann angesetzt werden, um eine wesentliche Verbesserung der Revisionsabwicklung zu erzielen.

" Wer selbst in einem strengen Raster von Termin- und Kostenzielen Projekte erfolgreich abgeschlossen hat, weiß, daß es weniger die deterministischen Regelungen und Ablaufmodelle sind, die das Einhalten der Ziele ermöglicht haben. Vielmehr ist es eine Vielzahl individueller und gruppenbezogener Erfolgsfaktoren, die aus gerade jenem Bereich kommen, der in der Außendarstellung nicht positiv, sondern nur in negativer Wendung als "Verhinderung" von Unordnung und Turbulenz in Erscheinung tritt. " /BAL 89, S.1045 / Die Organisationsprinzipien gilt es zu ändern und die Anwendung bzw. Ausgestaltung der Verfahrensweisen. " Gefordert sind allerdings nicht so sehr neue Instrumente, Techniken usw., sondern im wesentlichen gewandelte Werte und Haltungen. Exakte Festlegungen, Regelungen, Vorgaben, treten in den Hintergrund (bleiben aber, mit veränderten Funktionen und in gewandelten Formen wirksam). " /BAL 89, S.1039 /

Das Planungsgerüst in Form eines Projektstrukturplanes ist nach wie vor notwendig, die Termine müssen jedoch aufgeweicht werden. " Die Lösung ist aber möglich, wenn Projektmanagementfunktionen weniger deterministisch, d.h. elastischer wahrgenommen werden und wenn Projektteams ihre Arbeit konsequenter und bewußter nach Prinzipien der "Selbstorganisation" durchführen. " /BAL 89, S.1053 /

6.1.1.1. Die neue Rolle des Planers im Revisionsablauf

Hat der Planer bisher zentral die Revisionsplanung und -steuerung übernommen, alle Termine und Terminvorgaben zentral koordiniert, so soll zukünftig das Rollenverhältnis zwischen Planer und Ausführenden in den Kapazitätsgruppen verändert werden. Dahinter steht das Prinzip, das der Planer gar nicht in der Lage ist, einen permanten Überblick über das vollständige Revisionsgeschehen zu haben, was jedoch zu einer deterministischen zentralen Planung unbedingt notwendig ist. " ... die evolutionäre bzw. systemische Sicht des Denkens und Handelns ... " verlangt " ... ein neues Verhältnis von Plan + Evolution:

☐ planerische Vorgaben müssen weicher, elastischer, offener werden

☐ die Grenzen der Planbarkeit müssen klarer und bewußter dem Managementhandeln zugrundeliegen

☐ die bis in berufliche Spezialisierungen hineinreichende radikale Trennung von Planen und Ausführen muß überwunden werden. "Projektive" und "durchführende" Funktionen müssen sich in wechselseitiger Beeinflussung zu evoluierenden Handlungseinheiten verbinden " /BAL 89, S.1046/

Der Planer hat zukünftig die Aufgabe, Übersicht zu schaffen, zu informieren und zu koordinieren. Er ist somit das Bindeglied zwischen den verschiedenen Ausführungsgruppen und der Koordinator, der das gesamte Gefüge der Revision zusammenhält. Er gibt einen Teil der Terminverantwortung an die ausführenden Kapazitätsgruppen ab, sie sind zukünftig für die Einhaltung der ihnen vorgegebenen Termine verantwortlich [6.2]. Damit fungiert der Planer nicht als "Terminjäger", der die vorgegebenen Termine minutiös überwacht, sondern er gibt den Kapazitätsgruppen die Termine in einem groberen Raster vor, z.B. auf Wochenbasis [6.3], so daß größere Freiheitsgrade zur Einhaltung bleiben.

Er generiert und aktualisiert zudem den vollständigen Projektstrukturplan und stellt den Kapazitätsgruppen den sie betreffenden Teil in der Revision dar. Damit können die Kapazitätsgruppen ihre Arbeiten im Zusammenhang zu allen anderen Arbeiten erkennen, woraus es ihnen leichter fällt, ihre Prioritäten einzuteilen. Die Kapazitätsnivellierung und die Optimierung wird vom Planer ebenfalls vorgenommen, wobei diese als Werkzeuge anzusehen sind, die ihm hierzu eine

---

6.2 " Durch diese Entwicklungen könnten die Organisationsstrukturen flacher werden - mehr Entscheidungsspielraum und eine grössere Verantwortung für jeden einzelnen in der Organisation sind die Folge ... " / KÜH 93, S. 67 / Mit flacheren Organisationsstrukturen reduziert sich der Aufwand für die Planung und Steuerungskoordination, was sich auch personell durch eine geringere Besetzung der Planungsabteilung auswirkt.

6.3 Die Termine werden verbindlich auf Wochenbasis vereinbart. Auf Tagesbasis müssen Meilensteintermine eingehalten werden. Der Planer unterstützt die Kapazitätsgruppen, indem er die Maßnahmen nach Tagen differenziert, die Terminsteuerung innerhalb der Woche geschieht jedoch innerhalb der Kapazitätsgruppe.

Hilfestellung geben, weil er alle Zusammenhänge sonst nicht überblicken kann. Wichtig ist jedoch, daß die Einteilung der Arbeiten in seiner Verantwortung bleibt und nicht durch den Rechner abgenommen wird.

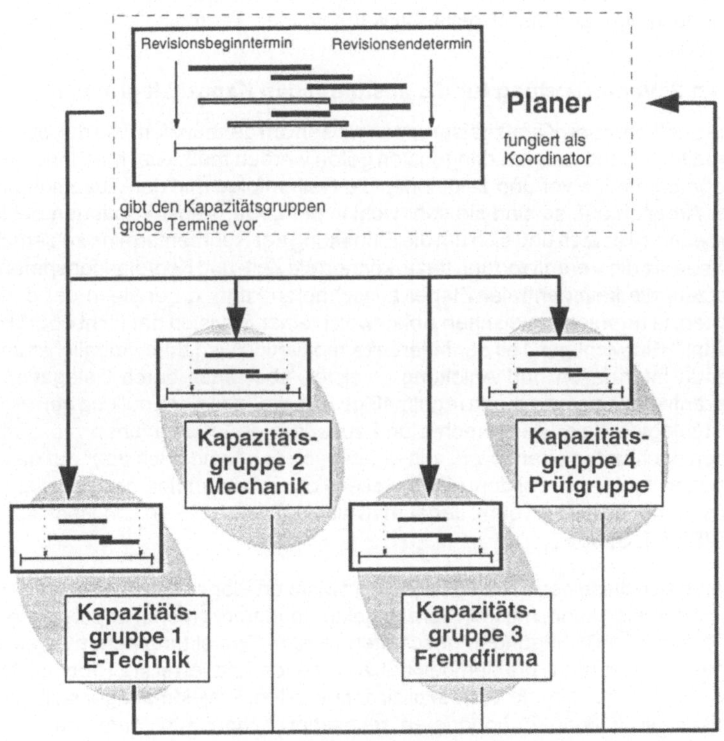

Abbildung 6.1: Zusammenspiel zwischen Kapazitätsgruppen und Planer

Die neuen Aufgaben des Planers verlangen nach Hilfsmitteln, die die Situation der Revision in verschiedenster Sichtweise visualisieren, die aktuellen (und teilweise auch älteren) Revisionsstände speichern und als Vorschlagsfunktion Alternativen und optimalere Abläufe darstellen. " Damit wären auch für die Wahrnehmung der klassischen, formalen Projektmanagementfunktionen - Termin-, Kapazitäts- und Kostensteuerung - wesentlich bessere Voraussetzungen gegeben. Die formalen Ablaufbedingungen würden dann - bei einer entsprechend aufgelockerten, aber zugleich dynamisierten Beziehung zwischen zentraler Organisationsarbeit und dezentraler Selbstorganisation - zu jeweiligen Randbedingungen im Problembewußtsein der Teammitglieder. " /BAL 89, S.1053 /

6.1.1.2. Verantwortung für die ausführenden Kapazitätsgruppen

Die ausführenden Kapazitätsgruppen wissen am genauesten, wie der Stand der Arbeiten ist und was am dringensten getan werden muß. Gibt man ihnen grobe Rahmentermine vor und zeigt ihnen die Reihenfolge und den Zusammenhang der Arbeiten auf, so sind sie sehr wohl in der Lage, selbst Prioritäten bei ihren Arbeiten zu setzen und sich um die Einhaltung der Rahmentermine zu bemühen. Haben sie die Verantwortung dazu, können sie Zeit- und Koordinationspotentiale nutzen, die kein zentraler Planer ausschöpfen kann, da er sie in der dynamischen, ja turbulent hektischen Ablaufweise einer Revision gar nicht überblicken kann. " Ein wichtiger Teil der Mitarbeitermotivation wird durch möglichst umfassende Information und Anleitung geleistet, aber auch durch Delegation von Verantwortung sowie durch regelmäßige Überprüfung der Erfüllung gemeinsam festgelegter Ziele. Zeitgerechte und zuverlässige Informationen müssen von oben nach unten ebenso wie von unten nach oben und auch quer auf gleichen Ebenen laufen; sie bilden einen wesentlichen Bestandteil der erforderlichen Zusammenarbeit im Team. Jeder muß sich auf den anderen verlassen können. " /VET 93, S. 365 /

Damit sich diese neue Rollenverteilung zwischen Planenden und Ausführenden " ... einspielen kann, müssen vom Projektmanagement hierfür Impulse gegeben und günstige Bedingungen geschaffen werden: Projektgruppen müssen darin unterstützt werden, problembewußt zu arbeiten und jeweilige Problemsichten bzw. Lösungszustände auch explizit darzustellen. Projektmanager sollten ihrerseits diese "Offenheit" honorieren, respektieren, aber auch durch enge "Tuchfühlung" mit der jeweiligen Problem- / Lösungslandschaft am Gelingen der Projektarbeit stärker Anteil nehmen und so für das je Erreichte engagiert Mitverantwortung übernehmen. " /BAL 89, S.1053 / Diese neue Aufgaben- und Verantwortungsverteilung verlangt das "Wollen" der Unternehmensleitung, es verlangt aber auch die Schaffung von notwendigen Rahmenbedingungen zur Umsetzung. Denn eine Revisionsplanung und -steuerung nach diesem Prinzip der stärkeren Dezentralisierung kann nur funktionieren, wenn Fachkompetenz und Kapazität zur Ausübung der Verantwortung in den Kapazitätsgruppen vorliegt [6.4].

6.4   Dieser Weg muß aber auch von den Planenden akzeptiert und gewollt sein, denn nur wenn sie

6.1.2. Visualisierung

6.1.2.1. Das Hilfsmittel EDV

Zur Wahrnehmung der "neuen" Rolle des Planers und zur verantwortlichen Durchführung der Arbeiten in den Kapazitätsgruppen ist die Darstellung der Ablaufsituation unter Berücksichtigung der zu verarbeitenden großen Datenmengen notwendig. Dies kann nicht manuell erfolgen, hierzu ist Unterstützung durch ein DV-System erforderlich.

" Die schnelle und fehlerfreie Verarbeitung großer Datenmengen in sicheren, wenig komplexen Umwelten stellt sich heutzutage als die Domäne des Computers heraus. ... Gerade bei der Anwendung im betrieblichen Kontext ist dies aber kaum gegeben. Viele Daten sind unscharf, können nur durch langjährig erfahrene Mitarbeiter eingeschätzt werden oder ändern sich plötzlich und unerwartet, wenn ein dringender Auftrag vorgezogen werden muß. ... Weder die konventionelle Software noch die "künstliche Intellegenz" haben es bislang geschafft, Komplexität zu bewältigen. Damit ist heute eine allgemeine Ernüchterung eingekehrt. Der Nutzen des Computers wird nun realistischer eingeschätzt. Die vollständige Abbildung des betrieblichen Geschehens in Datenstrukturen und deren zentrale Verarbeitung wird als das erkannt, was es ist: ein Mythos. Gleichzeitig werden die menschlichen Ressourcen wiederentdeckt. " /MÜH 92, S. 42/

Der Computereinsatz muß sich in seinen sinnvollen Grenzen bewegen, das heißt Visualisieren von Zusammenhängen, schnelles Zusammenspielen von Information, Vorschlagen von Ausführungsalternativen sowie Aufzeigen von Risikopotentialen. Dies ist aber nur als Hilfsfunktion für den Planer zu sehen. Der Rechner steuert nicht den Ablauf sondern dient als hochintellegentes Werkzeug für den Planer und die Ausführenden oder wie bei Maurer geschrieben als "Krücke für das fehlende bilderzeugende Organ" des Menschen: " Die Geschichte der Technologieentwicklung zeigt immer wieder, wie der Mensch physiologische Schwächen kompensiert. Der Computer erweist sich dabei als mächtigeres Hilfsmittel als je geahnt: Nicht nur unterstützt er uns durch höhere Genauigkeit, Rechengeschwindigkeit, Speicherkapazität, Ausdauer, Organisationsfähigkeit usw., sondern der Computer als Maschine, die bewegte Bilder auf Wunsch des Menschen erstellt, erweist sich überraschend auch als Krücke (und vielleicht mehr als nur Krücke) für das fehlende bilderzeugende Organ des Menschen. Computergraphik, Computervisualisierung, Hypermediasysteme u. ä. werden die Informationsweitergabe in allen Bereichen (sei es in der Ausbildung, bei Präsentationen oder in der Mensch-zu-Mensch-Kommunikation) zunehmend erleichtern. " /MAU 92, S.25 /

Verantwortung abgeben, kann diese von den Ausführenden wahrgenommen werden. Hierin liegt womöglich eine noch größere Problematik, denn Verantwortung und damit auch ein Stück Macht abgeben ist oft schwerer, als sie zu übernehmen.

Die Visualisierung orientiert sich hier im wesentlichen am Prinzip des KKS-Systemes mit dem die Darstellung der Komponenten eines Kraftwerkes auf unterschiedlichen Ebenen in unterschiedlichen Detaillierungsgraden möglich gemacht wird. Die Visualisierung ist ein wesentliches Element von modernen Projektmanangementsystemen zur Darstellung der Termine und Abläufe [6.5.] und wird in diesem Verfahren in Kombination mit der KKS-Struktur verwendet. Dies erfolgt ähnlich den modernen Warten- oder Cockpitsystemen zur Kraftwerksprozeßführung, die auf unterschiedlichen Detailierungsebenen arbeiten, um den Menschen nur die tatsächlich notwendigen Informationen zu liefern. Im von Weisang und Zinser verfolgten Ansatz " ... ist das Kontinuum der Prozeß-information ... in einer Bildpyramide hierarchisch angeordnet, die sowohl eine freie, vom Bediener initiierte Bewegung im Bild- und Informationsraum erlaubt, als auch die Möglichkeit einer geführten Bewegung bietet. Je weiter sich der Bediener von der Spitze der Bildpyramide ... zu tieferen Ebenen bewegt, um so mehr Detailinformation wird ihm durch ergänzende bzw. alternative Informations-darstellung präsentiert. ... Ein im Übersichtsbild durch ein einziges graphisches Symbol repräsentierter Kessel wird in der hierarchisch nächst tieferen Ebene der Bildpyramide durch weitere verfahrenstechnischen Systeme ECO, Verdampfer und Frischdampfüberhitzung mit den dazugehörigen wichtigsten Prozeßgrößen dargestellt. " /WEI2 90, S. 428/ [6.6] -> Abbildung 6.2.

6.1.2.2. Darstellung des Projektstrukturplanes in einem Balkenplan

Mit der EDV als Hilfsmittel erfolgt die Darstellung des Projektstrukturplanes als Balkenplan. Die Elemente des Projektstrukturplanes werden dabei als Balken am Bildschirm dargestellt, der durch den Start- und den Endetermin (AZ, EZ)

6.5   " Visualisierung der geplanten Termine und Abläufe ist ein zusätzlicher Vorteil, den Projektmanagementsysteme bieten. Instandhaltungssysteme ermöglichen die Erstellung von Berichten hauptsächlich in Form von Listen. Ein Bild sagt mehr als tausend Worte. Grafiken in Form von Balkenplänen sind für die Darstellung zeitlicher Abläufe ein wesentlicher Faktor und Bestandteil der Kommunikation aller Beteiligten, vom Planer bis hin zum ausführenden Personal. " / BIN 90, S. 178 / Darüberhinaus wird diese Funktion in Zukunft noch an Bedeutung gewinnen: " Eine Möglichkeit, die Akzeptanz dieser Einplanungsverfahren zu verbessern, sehe ich darin, daß z.B. mit Hilfe eines grafischen Arbeitsplatzes interaktiv Vorgänge gestreckt, gestaucht, geteilt und verschoben werden, und die Auswirkungen dieser Einzelaktionen sofort am Bildschirm mit Hilfe eines kombinierten Balken-Auslastungsplans sichtbar gemacht werden können. So könnte der iterative Prozeß einer Glättung durch realistische Aktionen des Planers sinnvoll unterstützt und diese Funktionen im Sinne eines wissensbasierten Systems verbessert werden. " /MÜL2 89, S. 328 /

6.6   In ähnlicher Art und Weise arbeitet das von Loeffel vorgestellte Verfahren. Es " ... erfolgen sowohl die Informationsverdichtung als auch die Informationsreduktion über die Aufarbeitung des Energieumwandlungsprozesses, d.h. einer Anlagenorganisation, bei der der Prozeß nach rein funktionellen Anforderungen gegliedert ist. Die Gliederung muß eine Verdichtung nach oben bis auf wenige funktionelle Einheiten ermöglichen, ... Der Kraftwerksprozeß wird überschaubar, Betriebszustände und Betriebsphasen können mit einer verarbeitbaren Anzahl an Informationen voll beschrieben werden. ... Alle Informationen werden verdichtet bis zur Blockleitebene, d.h. von Analogsignalflußbild Gesamtübersicht bis zur Blockregelung ... Eine Auflösung ist über unter-lagerte Bilder z.B. für die Speisewasserregelung möglich. " /LOE 92, S. 327 /
Ähnliche Ansätze sind auch bei Schievink und Wöhrle /SCHI 89/ sowie bei Rick, Henkel und Karweina /RIC 94/ zu finden.

begrenzt ist. Die Länge eines Balkens zeigt seine Dauer an. Der PSP kann somit graphisch in Form von untereinandergereihten Balken dargestellt werden (Gantt-Diagramm / Balkenplan) [6.7]. Arbeitsvorgänge erscheinen als Arbeitsvorgangs-balken, höhere Elemente im PSP als Sammelbalken, weil sie mindestens einen Arbeitsvorgangsbalken oder anderen Elementebalken enthalten.

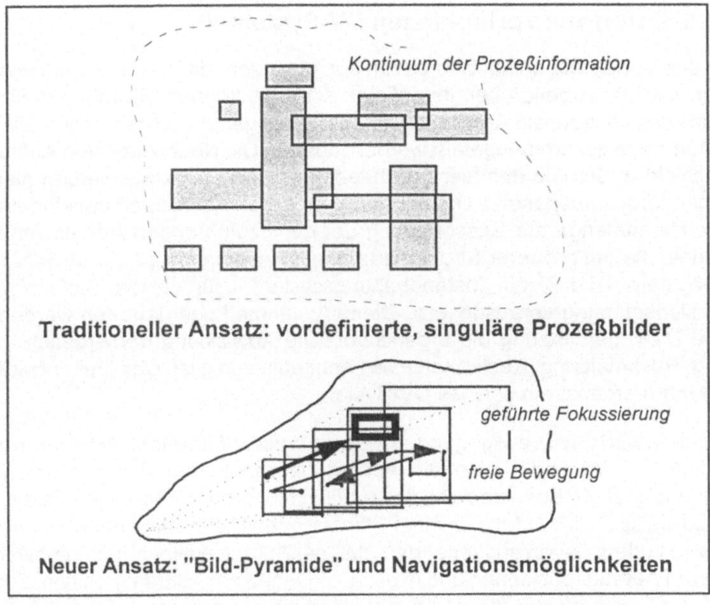

Abbildung 6.2: Formen der Prozeßvisualisierung /WEI2 90, S. 428/

Die waagerechte Achse des Balkenplanes (x-Achse) zeigt ein Zeitraster für Monate, Wochen oder Tage, je nach Auflösungsstufe. Dabei wird nach Werkta-gen, Wochenenden und Feiertagen differenziert. Die senkrechte Achse (y-Achse) entspricht der 9-stufigen Struktur des PSP, hier werden die Elemente untereinander ebenenweise gelistet.

Meilensteine erscheinen als senkrechte Linien am Bildschirm, da sie keine Dauer besitzen und für den gesamten PSP von Bedeutung sind. Die Ebenen

---

6.7 Die Darstellung als Gantt-Chart ist ähnlich der von Projektmanagementsystemen, vgl. hierzu beispielsweise das System GRANEDA /DWO 92, S. 176/.

oberhalb des Arbeitsvorganges werden als Sammelebenen oder Sammelbalken bezeichnet, da sie in der Abwicklung einer Revision nicht physisch vorliegen, sondern nur logisch zur besseren Übersichtlichkeit und Strukturierung gebildet werden. Darüberhinaus werden die einzelnen Elemente des PSP explizit gekennzeichnet, so daß es Balken für KKS-Elemente, Equipments, Aufträge, Auftragspositionen und für Arbeitsvorgänge gibt. Materialien und Betriebsmittel werden zum AVO zugehörig dargestellt.

6.1.3. Daten aus vorhandenen DV-Systemen

Für den Verfahrensablauf wird davon ausgegangen, daß die zu einer Revision erforderlichen Arbeiten bereits definiert sind. Sie können als schon definierte Aufträge vorliegen, als Arbeitspläne oder Arbeitsgangbeschreibungen, die erst zu Aufträgen zusammengefaßt werden müssen. Die Neubildung von Aufträgen geschieht außerhalb des hier beschriebenen Verfahrens, sie werden hier als vorhanden vorausgesetzt. Da es sich bei größeren Revisionen um eine erhebliche Datenmenge zur Beschreibung der durchzuführenden Arbeitsvorgänge handelt, die bei größerer Strukturierung noch zunimmt, wird ein bestehendes DV-System - i.d.R. ein Instandhaltungssystem - für dieses Verfahren zur Revisionsplanung vorausgesetzt. Diese Annahme kann getroffen werden, da ohne DV-Unterstützung die organisatorische Abwicklung der Arbeiten - Planung, Rückmeldung, Kostenkontrolle - sehr aufwendig ist. Das hier entwickelte Verfahren ergänzt ein solches DV-System [6.8].

Weiterhin wird davon ausgegangen, daß die durchzuführenden Arbeiten in einer bestimmten Art und Weise als Auftrag beschrieben und strukturiert sind. Notwendig ist die Beschreibung der zur Durchführung notwendigen Qualifikation, sowie das Vorhandensein einer Planzeit oder Ausführungsdauer der Arbeit. Es wird zudem davon ausgegangen, daß der Auftrag weiter strukturiert werden kann, in Auftragspositionen und Arbeitsvorgängen zur Auftragsposition. Zudem muß ein Splittingfaktor für die Anzahl Mitarbeiter vorhanden sein, auf den sich die Planzeit / Dauer bezieht.

Bei den Equipments wird ebenfalls davon ausgegangen, daß sie einerseits als solche definiert und andererseits über das KKS-System klassifiziert sind. Die Zuordnung zum Auftrag - der sich auf ein Instandhaltungsobjekt, ein Equipment bezieht - wird ebenfalls innerhalb eines Instandhaltungssystemes definiert. Somit können die zu berücksichtigenden Equipments eines Kraftwerkes sowie die zugehörige KKS-Klassifizierung [6.9] für dieses Verfahren als bekannt vorausgesetzt werden.

6.8   Gerade hierin liegt einer der Vorteile des Verfahrens, daß entweder auf bekannte Unterlagen wie Aufträge zurückgegriffen werden kann oder daß eingespielte Mechanismen zur Neubildung - z.B. über ein Instandhaltungssystem - genutzt werden können.

6.9   Die KKS-Ebenen werden ebenfalls vorausgesetzt, sie entsprechen /ABB 91/.

6.2. Der Verfahrensablauf vor und während der Revision

Der im folgenden vorgestellte Verfahrensablauf untergliedert sich in eine Phase vor der Revision - planerischer Anteil - und eine Phase während der Revision - steuernder Anteil. Die drei Schritte

☐ Reihenfolgebildung

☐ Optimierung durch Kapazitätsabgleich und

☐ Optimierung der Durchführungskosten

kommen vor der Revision zur Anwendung, um einen optimierten Revisionsterminplan - auf Basis der Vorzugsreihenfolge VRF - zu erstellen. In der Phase während der Revision ist ein weiterer Kapazitätsabgleich, wenn Kapazitätsengpässe, Verzüge oder Verschiebungen von Elementen / Arbeitsvorgängen auftreten, durchzuführen. Werden größere Neuplanungen während der Revision durch Auftreten von erheblicher Mehrarbeit notwendig, so ist in diesem Teilbereich gegebenenfalls eine neue Reihenfolge mittels der verdichteten, partiellen und selektierten Planung zu bilden. Ebenfalls ist ein Kapazitätsabgleich erforderlich. Die Optimierung der Durchführungsdauer mit Berücksichtigung des Kostenoptimums ist nur vor der Revision relevant, während der Revision ist das Revisionsende festgelegt, eine Verkürzung ist nicht sinnvoll (-> Kapitel 2.).

6.2.1. Reihenfolgeplanung

6.2.1.1. Erstaufbau einer Reihenfolge vor der Revision

Zur Bildung einer technisch sinnvollen Reihenfolge VRF im Projektstrukturplan PSP ist die effiziente Verarbeitung der zu verplanenden Elemente im PSP wichtig. Die Basis zur Aufstellung der VRF ist die Bildung einer ersten Reihenfolge im Projektstrukturplan. Dies geschieht nach Definition der relevanten Elemente im PSP, durch Übernahme der vorhandenen Aufträge mit den zugehörigen Equipments und deren KKS-Zuordnung. Dieser Ablauf erfolgt über ein DV-System, wobei auf die Daten anderer Systeme - insbesondere Instandhaltungssysteme - zugegriffen wird.

Die dem Equipment zugeordnete KKS - Nummer bildet über den Nummernaufbau die Struktur des KKS ab. Die KKS-Elemente liegen damit im PSP vor und können zur Reihenfolgeplanung verwendet werden.

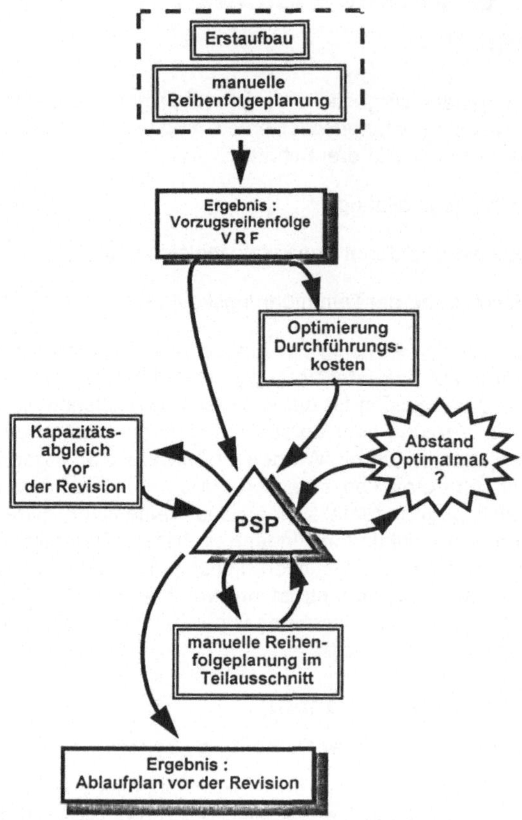

Abbildung 6.3: Der Verfahrensablauf vor der Revision - von der Vorzugsreihenfolge VRF zum Projektstrukturplan PSP

Bei Zuordnung eines Equipments zu einer höheren KKS-Ebene bleiben die übersprungenen Ebenen unberücksichtigt. So kann beispielsweise ein Equipment direkt an die oberste KKS-Ebene angebunden sein. Gleiches gilt für die Zuordnung innerhalb eines Auftrages.

Ist eine Auftragsposition nicht definiert, kann ein AVO direkt an den Auftrag angebunden sein. Für die Zuordnung zum Equipment wird ein Auftrag vorausgesetzt, wobei theoretisch eine direkte Anbindung eines AVO's an ein Equipment denkbar wäre, hier aber ausgeschlossen sein soll [6.10]. Aufträge mit mindestens einem AVO und Equipments mit mindestens einem Auftrag müssen zur Strukturbildung vorhanden sein. Isoliert stehende Elemente - beispielsweise ein AVO ohne Auftrag und Equipment werden ausgeschlossen [6.11]. Die Bildung der 9-stufigen Struktur ist erfolgt, wenn Aufträge und zugehörige Equipments vorliegen.

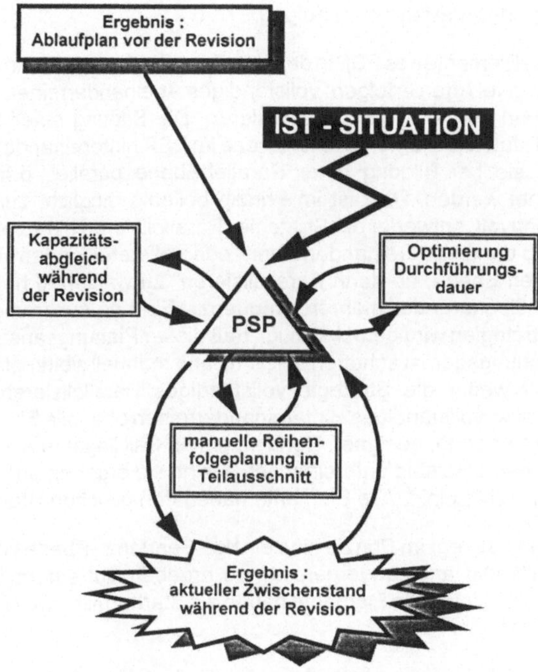

Abbildung 6.4: Der Verfahrensablauf während der Revision - Optimierung des
Projektstrukturplanes PSP

6.10   Dieser Fall kann für die Praxis ausgeschlossen werden, da beispielweise zur Kostenabrechnung ein Auftrag gebildet werden muß. Dieser Auftrag beinhaltet dann einen einzigen AVO.

6.11   Diese Annahme kann getroffen werden, da bei Auftreten beispielsweise eines isolierten Auftrages ein "Pseudo"-AVO definiert werden kann. Somit kann gewährleistet werden, daß Equipment, Auftrag und AVO vorhanden sind. Die Definition solcher "Pseudo"-Elemente hat außerhalb dieses Verfahrens zu geschehen.

Hilfreich für die Anwendung des Verfahrens ist, wenn alle Elemente möglichst einem Element auf der nächst höheren Ebene zugeordnet sind und keine Ebene übersprungen wird. Dadurch kann die größte Differenzierung bei der Planung erreicht werden. Der Vorteil liegt in der "technischen Überschaubarkeit". Die technische Anlagenstruktur ist umso besser nutzbar, je mehr Ebenen definiert sind, alle weiteren Planungs- und Verschiebungsaktivitäten erfolgen übersichtlicher. Durch gezielte Gruppierungen können auch große Mengen an Elementen sehr effizient verdichtet werden, der Umgang mit großen Vorgangsmengen wird wesentlich einfacher. Dies muß jedoch schon vorher, außerhalb des hier beschriebenen Verfahrens, erfolgen.

Liegen die Elemente des PSP in der 9-stufigen Struktur vor, kann die Reihenfolgebildung in zwei Arten erfolgen: vollständiges Aneinanderreihen durch Sequenz-Bildung und vollständiges Parallelisieren. Die Bildung einer Sequenz-Ebene bedeutet, daß alle Elemente einer Ebene im PSP hintereinandergereiht werden, während sie bei Bildung einer Parallel-Ebene parallel, d.h. untereinander angeordnet werden. Dies ist im Prinzip beliebig möglich, zur Planung ist es jedoch sinnvoll, entweder die Strategie "Parallelisieren bis zu einer bestimmten Ebene, ab dann Hintereinanderreihen" oder "Hintereinanderreihen bis zu einer bestimmten Ebene, ab dann Parallelisieren" zu wählen, d.h. jeweils mehrere Parallel - Ebenen oder mehrere Sequenz - Ebenen zusammenzufassen. Bei diesen Strategien wird berücksichtigt, daß dieser Planungsansatz ein übersichtliches Planungsgerüst schaffen soll, um dann manuell weiter planen zu können. Hierfür ist weder die Strategie vollständiges Parallelisieren, nur Parallel - Ebenen, bzw. vollständiges Hintereinanderreihen über alle Ebenen hinweg, nur Sequenz - Ebenen, geeignet. Denn im ersten Fall liegen nur Parallel - Ebenen vor, alle Elemente sind untereinandergereiht, sie ergeben auf dem Balkenplan eine senkrechte Linie. Alle Elemente haben den gleichen Starttermin.

Im zweiten Fall liegt im Prinzip eine einzige Sequenz - Ebene vor, alle Elemente sind vollständig aneinandergereiht, sie ergeben auf einem Balkenplan eine waagerechte Linie. Alle Elemente haben als Starttermin jeweils den Endetermin ihres Vorgängers.

Beide Varianten schaffen keine Übersichtlichkeit. Erst ein gemischtes Vorgehen erlaubt ein Ausnutzen der zugrundeliegenden Struktur und hilft die Gesamtmenge der Elemente zu überblicken. Eine Mischform liegt vor, wenn auf eine Sequenz-Ebene eine Parallel-Ebene folgt und umgekehrt.

Zum Erstaufbau einer Reihenfolge ist eine Mischform sinnvoll, beispielsweise parallelisieren der KKS-Ebenen einschließlich der Equipmentebene, dann hintereinanderreihen der Auftragsebene und ebenfalls hintereinanderreihen innerhalb der Auftragsebene. Damit wird eine gewisse Übersichtlichkeit erzielt, die näherungsweise dem realen Ablauf entspricht. Die Arbeiten an verschiedenen Equipments können parallel erfolgen, die Arbeiten an einem Equipment nur jeweils hintereinander. Somit liegt eine "Grundstruktur" zur manuellen Reihenfolgeplanung vor.

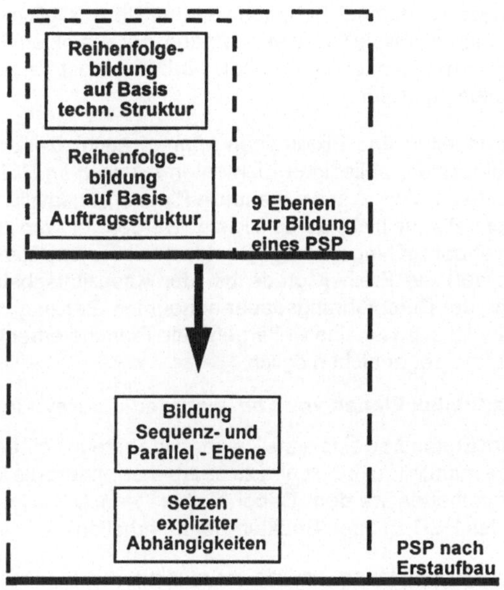

Abbildung 6.5: Schritte zum Aufbau des Projektstrukturplanes PSP

Bevor jedoch eine manuelle Reihenfolgeplanung erfolgen kann, sind explizite Abhängigkeiten zu definieren. Wartezeiten werden eingefügt, indem explizite Abhängigkeiten zwischen Wartezeitbalken und Vorgangs- bzw. Sammelbalken gesetzt werden. Bei Fixterminen werden Vorgangs- und / oder Elementebalken mit den Meilensteinlinien verbunden. Damit ist es möglich, ein KKS-Element auf der Funktionsebene mit einem Meilenstein zu verknüpfen, alle unterhalb des KKS-Elementes liegenden Elemente sind damit ebenfalls mit dem Meilenstein verbunden. Der logische Hintergrund hierzu ist, daß zu einem Meilenstein "Druckprobe" alle Arbeiten beispielsweise am Speisewassersystem durchge-führt sein müssen, bevor die Druckprobe erfolgen kann. Damit ist es sinnvoll, das Speisewassersystem mit dem Meilenstein zu verbinden und alle Elemente und Vorgänge zum Speisewassersystem durch die 9-stufige Struktur ebenfalls diesem Meilenstein zuzuordnen. Elemente und Vorgänge die keiner Anbindung an den Meilenstein unterliegen sollen, können nicht manuell von der Zuordnung gelöst werden [6.12].

Diese gesetzten Abhängigkeiten werden im Balkenplan nur dargestellt, auftretende Unverträglichkeiten durch technisch-logische Probleme in der Reihenfolge müssen jedoch manuell behoben werden. Unverträglichkeiten / Kollisionen entstehen, indem beispielweise ein Vorgang, der von einem Fixtermin abhängt, über den Fixtermin hinaus verschoben wird. Hierzu ist bei jeder Verschiebung auf Kollisionen zu prüfen.

Neben Wartezeiten und Fixterminen können auch explizite Abhängigkeiten zwischen einzelnen, beliebigen Elementen / Balken im PSP gesetzt werden. Damit vereinfacht sich zwar die manuelle Planung, zusätzliche Abhängigkeiten müssen vom Planer nicht berücksichtigt werden, er wird durch die explizite Abhängigkeit darauf hingewiesen. Der Nachteil von expliziten Abhängigkeiten ist jedoch, daß die Freiheitsgrade bei der Kapazitätsabstimmung oder der Optimierung der Durchführungsdauer abnehmen. Bei zu großer Zahl an expliziten Abhängigkeiten ist eine weitergehende Planung erheblich beeinträchtigt, gegebenenfalls sogar nicht möglich.

6.2.1.2. Manuelles Planen vor bzw. während der Revision

Ist nach dem Erstaufbau eine erste Reihenfolge erzeugt, gilt es anschließend die Reihenfolge manuell zu prüfen und zu bearbeiten, indem die Elemente des PSP manuell verschoben werden. Dabei bleiben jedoch die Zugehörigkeiten der Elemente des PSP zu ihren Strukturebenen erhalten.

Wichtig zur Entscheidung, welche manuellen Umplanungen nun notwendig sind, ist die Visualisierung des Projektstrukturplanes in Form von einem Balkenplan (Gantt-Diagramm), um vorhandene Unverträglichkeit erkennen zu können. Dabei kommt das in -> Kapitel 5.1. angesprochene Verfahren der Verdichtung und Selektion von Vorgängen nach der KKS-Struktur zum Einsatz. Denn damit besteht die Möglichkeit, den Projektstrukturplan in kleinere Ausschnitte zu teilen (entsprechend der 9-stufigen Struktur) und in diesen Ausschnitten die Planung vorzunehmen. Wichtig ist der Hinweis auf Querbeziehungen von selektierten Vorgängen / Elementen zu nicht selektierten Vorgängen / Elementen, um die Auswirkungen einer Verschiebung außerhalb des selektierten, sichtbaren Bereiches aufzuzeigen. Eine Umplanung sollte bei denjenigen Vorgängen mit möglichst wenigen Auswirkungen erfolgen, bei denen mit vielen Querbeziehungen ist eine andere Visualisierungsstufe zu wählen.

6.12 Falls ein Vater von fünf Söhnen einem Meilenstein zugeordnet ist, gilt dieser Meilenstein für alle fünf Söhne. Soll aber nun ein Sohn nicht dem Meilenstein unterliegen, besteht nur die Möglichkeit den Vater von dem Meilenstein zu lösen und die vier übrigen Söhne jeweils einzeln mit dem Meilenstein zu verbinden.

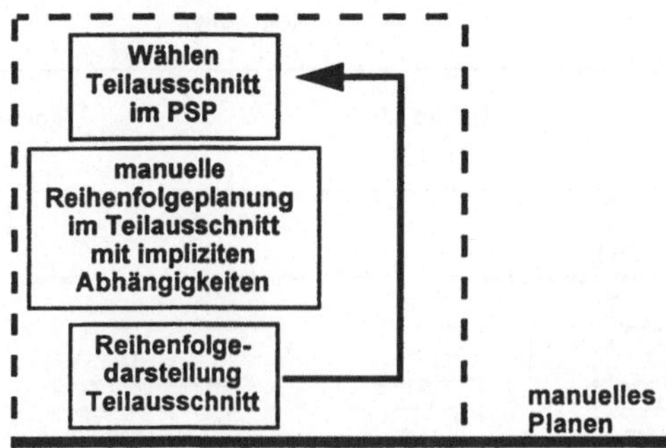

Abbildung 6.6: Vorgehen der manuellen Planung im Projektstrukturplan PSP

Innerhalb des gewählten Ausschnittes des PSP gilt es, die Reihenfolge manuell zu prüfen und zu bearbeiten. Dies erfolgt aufgrund des technischen Verständnis der Anlage und des Prozesses zum Zerlegen und Revidieren von Anlagenelementen. Die Erfahrung des Planers ist ab diesem Schritt gefordert, durch den Planungsansatz soll die weitere Planung lediglich unterstützt werden (-> Kapitel 6.1.1.1.).

Zur manuellen Reihenfolgeplanung helfen die impliziten Abhängigkeiten, damit wird ein strukturiertes Planen ermöglicht. Bei "verdichteter Planung " wird die Abhängigkeit zwischen den Ebenen ausgenutzt, indem bei Verschiebungen von beispielweise einem Vorgangsbalken die Verschiebung ebenfalls im Sammelbalken - "automatisch" - erfolgt. Dabei werden die Verknüpfungen von Elementen zwischen den 9-Struktur-Ebenen geprüft und alle Änderungen eines "unteren" Elementes werden in dem "oberen" Element mitgeführt. Unverträglichkeiten werden zugelassen, sie werden lediglich angezeigt. Damit weiß der Planer, was er geändert hat und welche Auswirkungen dies für die Planung hat.

Die partielle Planung mit Sammelbalken schafft die Übersichtlichkeit, mit großen Vorgangsmengen umgehen zu können. Wird ein Sammelbalken verschoben, verschieben sich alle unteren Elemente ebenfalls, ohne die Struktur innerhalb dieses Sammelbalkens zu verändern. Damit kann sehr effektiv eine Grobreihenfolge festgelegt werden, indem nur mit Sammelbalken beispielweise der ersten beiden KKS-Ebenen geplant wird. Alle nicht benötigten Informationen unterhalb dieser beiden Ebenen werden ausgeblendet, eine große Vorgangsmenge ist auf wenige Elemente reduziert. Ist diese erste grobe Planung abgeschlossen, kann von jedem Sammelbalken aus vertieft und weiter im Detail geplant werden.

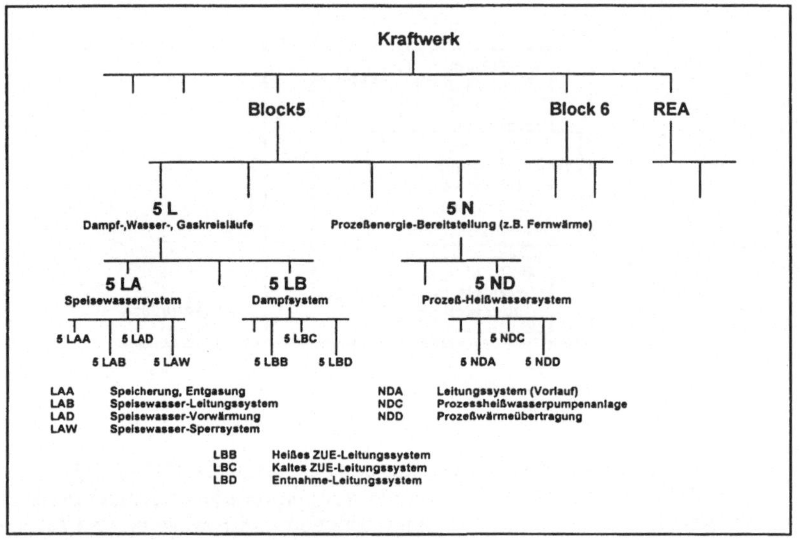

Abbildung 6.7: Aufbau KKS-Struktur

In den Abbildungen 6.7 bis 6.9 ist als Beispiel ein möglicher Planungsvorgang einer partiellen Planung im zeitlichen Ablauf dargestellt. Dieser Planungsvorgang beruht auf einer beispielhaften Anlagenstruktur, wie sie in -> Abbildung 6.7 dargestellt ist. Die Struktur entspricht der KKS-Struktur eines Kraftwerkes und ist in den verschiedenen Ebenen als Ausschnitt eines PSP erkennbar. In -> Abbildung 6.8 ist die Ausgangssituation und in -> Abbildung 6.9 das Planungsergebnis abgebildet. Für dieses Beispiel sind zehn einzelne Planungsschritte notwendig, die im Anhang dargestellt sind.

Über die in diesem Beispiel dargestellte Verfahrensweise hinaus gibt es noch den Bedarf, ähnliche Elemente zu selektieren und innerhalb der Selektion planen zu können. In der bisherigen Betrachtungsweise wird von einem Kraftwerk ausgegangen, das nach der KKS-Struktur gegliedert ist und bei dem seine Kraftwerkskomponenten zu den Elementen im PSP entsprechend dieser Struktur angeordnet sind. Damit wird die Anlage als eine technische Einheit betrachtet, jedes Element im PSP wird auf seinen Einbauort im Kraftwerk bezogen, es interessieren seine Beziehungen zur nächst höheren Ebene und die auf seiner gleichen Stufe. Uninteressant bei dieser Sichtweise ist die Frage, ob mehrere gleiche Kraftwerkskomponenten in unterschiedlichen Anordnungen im PSP vorkommen. Dies entspricht in der Fertigungsteuerung den Stücklistenarten Strukturstückliste und Mengenstückliste. Bei ersterer ist der Einbauort über eine Struktur interessant, bei letzterer der Mengenbezug ohne Berücksichtigung der Struktur.

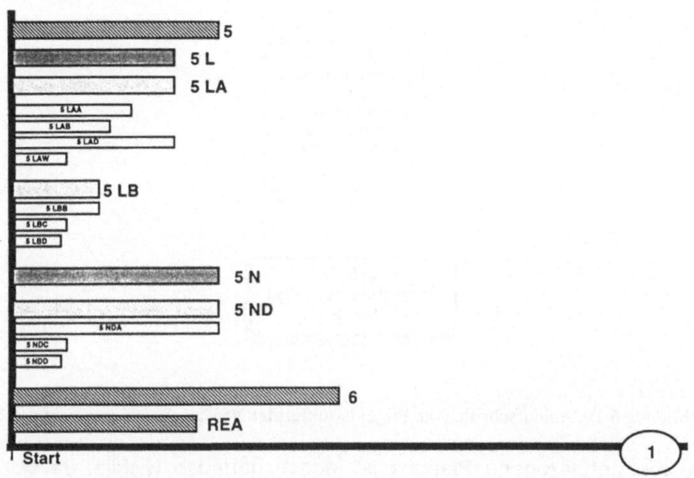

Abbildung 6.8: Ausgangssituation

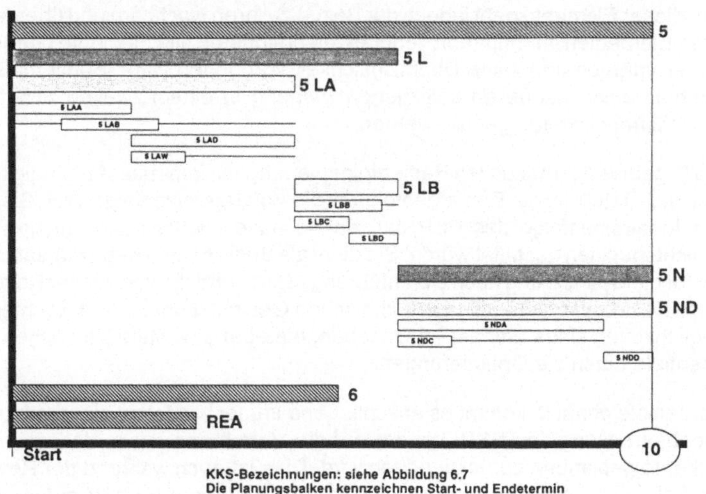

Abbildung 6.9: Planungsergebnis

119

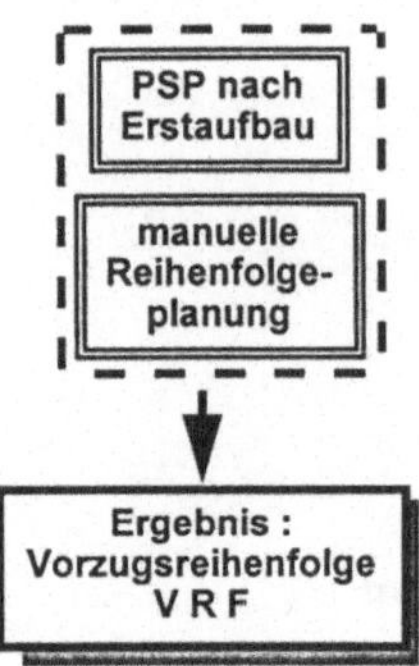

Abbildung 6.10: Ablaufschritte vom Projektstrukturplan PSP zur Vorzugsreihenfolge VRF

Die mengenbezogene Planung ist jedoch genauso wichtig, da sich damit Mengeneffekte erzielen lassen. Durch Ausnutzen der Klassifikationseigenschaft des KKS-Systemes - die Ziffern in den einzelnen KKS-Stellen geben eine Klasse innerhalb einer KKS-Ebene an - können Elemente einer gleichen Klasse unabhängig von der Struktur selektiert werden. Die an diesen Equipments durchzuführenden Arbeitsvorgänge können zusammengefaßt werden, sie erhalten aufeinander abgestimmte Ausführungstermine. Bei der selektiven Auswahl dieser Elemente geht jedoch der Bezug zu ihren Nachbarn und übergeordneten Elementen im Einbauort verloren, da ansonsten alle Elemente betrachtet werden müßten und keine Übersichtlichkeit vorhanden wäre. Somit muß das Ergebnis einer manuellen selektierten Planung in einem zweiten Schritt auf seine Abhängigkeiten geprüft werden.

Das Ergebnis der manuellen Reihenfolgeplanung mit impliziten Abhängigkeiten nach der Erstellung der Erstreihenfolge ist die Vorzugsreihenfolge VRF. Sie stellt eine Idealreihenfolge des PSP dar, da sie ausschließlich nach technischen Gesichtspunkten gestaltet wurde. Sie dient als Basis für den Kapazitätsabgleich und für die Optimierung nach Durchführungsdauer und -kosten vor der Revision. Damit ist sie zwar als ideal nach technischen Gesichtspunkten - im Rahmen der Möglichkeiten eines Planers - anzusehen, bietet aber weitere Verbesserungspotentiale durch die Optimierungen.

Werden sie genutzt, kommt es anschließend immer wieder zu einer manuellen Nachbearbeitung des PSP, bei der auf die Verfahrensweisen der manuellen Reihenfolgeplanung zurückgegriffen wird. Dies ist auch während der Revision der Fall, wenn größere Umplanungen durch Verzug oder neu aufgetretene AVO's notwendig werden.

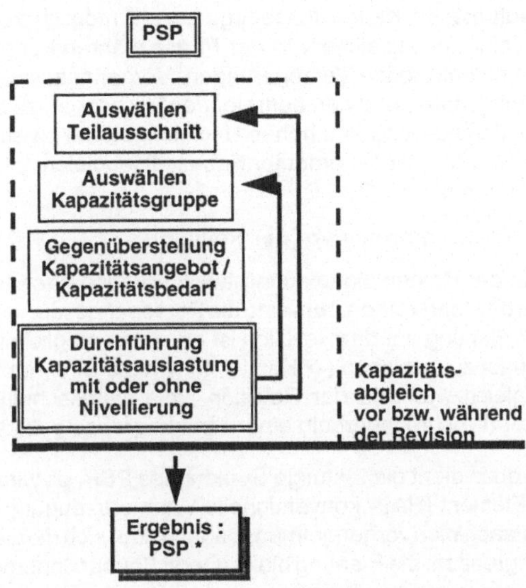

Abbildung 6.11: Vom Projektstrukturplan PSP zum abgeglichenen PSP*

6.2.2. Optimierung durch Kapazitätsabgleich

Im Gegensatz zur Reihenfolgeplanung läuft die Optimierung durch Kapazitäts-abgleich auf der Ebene der Arbeitsvorgänge ab. AVO´s beanspruchen zur Ausführung Ressourcen, ihnen kann deswegen eine Kapazitätsgruppe und eine Ausführungsdauer zugeordnet werden, zwei entscheidende Größen zur Kapa-zitätsplanung. Ähnlich verhält es sich bei Materialien und Betriebsmitteln, die ebenfalls Ressourcen beanspruchen, beim Material ist die Materialverfügbarkeit entscheidend, beim Betriebsmittel die Dauer der Inanspruchnahme des Be-triebsmittels. Alle anderen Elemente eines PSP sind abstrakter Natur und spielen bei der Kapazitätsplanung keine Rolle. Sie dienen jedoch zum effizienten Umgang mit der gesamten Vorgangsmenge, so daß insbesondere Umplanungen zielgerichtet ablaufen können.

Zum Kapazitätsabgleich werden Veränderungen an der Vorzugsreihenfolge VRF vorgenommen, da Ressourcen berücksichtigt werden. Dazu wird ein Kapazitätsgebirge erstellt, auf dessen Basis eine Kapazitätsauslastung mit dem Ziel vorgenommen wird, möglichst den Kapazitätsbedarf durch Personal-auslastung im gegebenen Zeitraster zu erfüllen.

Der Kapazitätsabgleich ist in der Planungsphase vor der Revision, aber auch in der Steuerungsphase während der Revision durchzuführen. Vor der Revision gilt es, das auftretende Kapazitätsgebirge soweit möglich zu nivellieren und Spitzen und Täler auszugleichen. In der Phase während der Revision ist die Istsituation durch aufretende Verzögerungen, Vorgangsausweitungen mit längerer Ausführungsdauer und neu auftretenden Vorgängen zu berücksichtigen. Bei zu großer Veränderung - zu hohes Ungleichgewicht zwischen Bedarf und Angebot an Kapazität - ist ein erneuter Kapazitätsabgleich, jetzt ohne Nivellierung, durchzuführen.

6.2.2.1. Die Verfahrensweise vor der Revision

Die VRF ist in der Reihenfolgeplanung ausschließlich nach technischen Gesichtspunkten gebildet worden. Nun sind die Personalressourcen zu berücksichtigen. Ziel der Planung vor der Revision ist es, einen möglichst gleichmäßigen Kapazitätsverlauf zu erreichen (-> Kapitel 4.). Hierzu wird - im Gegensatz zum Kapazitätsabgleich während der Revision - die Durchschnittsauslastung im Planungsraster (Woche) innerhalb einer Strukturgrenze gebildet.

Als Strukturgrenze dient die 9-stufige Struktur des PSP, es wird beispielsweise für das KKS-Element [HA] - konventionelle Wärmeerzeugung, Drucksystem - der Kapazitzätsabgleich vorgenommen. Dadurch läßt sich die Gesamtmenge an Vorgängen begrenzen, die Planung bleibt überschaubar. Innerhalb der Strukturgrenze wird wochenweise ausgelastet, d.h. für die Woche stellt sich der Kapazitätsbedarf nicht als "Gebirge" sondern als gerade Linie dar. Es erfolgt eine linksbündige Auslastung innerhalb dieser Wochenlinie, wobei die Vorgänge zur Deckung des Wochenbedarfes verschoben werden.

Nach diesem Auslastungsschritt liegt eine optimale Auslastung vor, wenn das Kapazitätsangebot nur noch wenig um die Wochenbedarfslinie schwankt. Was "wenig" in diesem Zusammenhang bedeutet, liegt im Ermessen des Planers. Ist er mit dem Ergebnis nicht einverstanden, hat er die Möglichkeit, die fixe Splittung einzelner Vorgänge zu ändern, d.h. die Anzahl an dem Vorgang beteiligter Personen zu verändern. Reicht das nicht aus, kann er den Vorgang von einer anderen Kapazitätsgruppe durchführen lassen. Außerdem hat er noch die Möglichkeit, die Einstiegsbedingungen in die Planung zu verändern, das Planungsraster beispielsweise auf den Monat zu setzen oder eine andere Strukturebene zu wählen. Anschließend erfolgt ein erneuter Kapazitätsabgleich für die nächste Strukturgrenze. In dieser Art und Weise wird der Kapazitätsabgleich für den gesamten PSP durchgeführt.

Materialien sind in der Phase vor der Revision nicht von Bedeutung, da der Planungszeitraum in der Regel sehr lang ist (1/2 Jahr) und hier unterstellt wird, daß die Materialien in dieser Zeitspanne beschafft werden können. [6.13] Betriebs-

---

6.13 Dazu ist es viel wichtiger, daß organisatorisch, durch entsprechende Lagerhaltungs- und Bestellstrategien, die Verfügbarkeit des Materials sichergestellt ist. Dies ist eine eigenständige

mittel werden als Vorgangsart unterhalb des AVO´s angeordnet und diesem über die Struktur zugeordnet. Sie werden dann wie eine Kapazitätsgruppe behandelt, indem auch für Betriebsmittel ein Bedarfsgebirge aufgestellt wird [6.14].

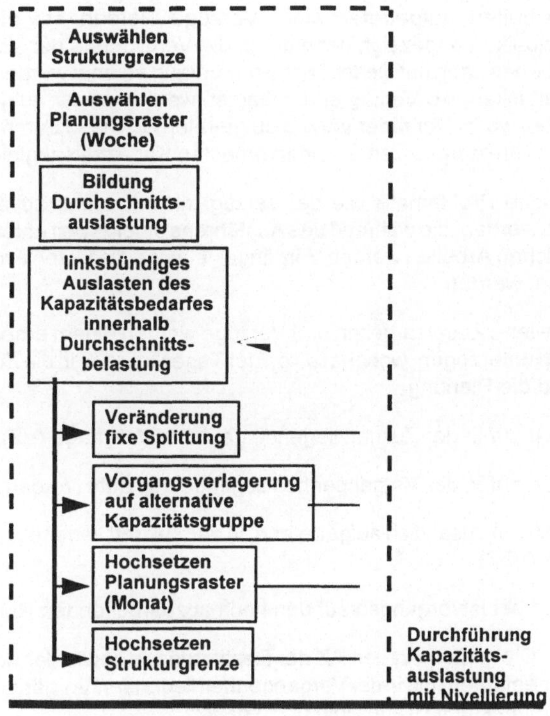

vor der Revision

Abbildung 6.12: Kapazitätsauslastung vor der Revision

Problemstellung, die im Rahmen dieser Arbeit nicht behandelt wird. Hier wird die Verfügbarkeit des Materials vorausgesetzt.

6.14   In der Regel kann jedoch unterstellt werden, daß wenn Betriebsmittel einen Engpaß darstellen, dies manuell vom Planer berücksichtigt werden kann.

6.2.2.2. Die Verfahrensweise während der Revision

In der Phase "Steuerung während der Revision" ändert sich permanent das Vorgangsbalkennetz im PSP durch die aktuellen Geschehnisse bei Durchführung der Arbeiten.

Ein erneuter Kapazitätsabgleich ist durchzuführen, wenn Verzüge oder zusätzliche Arbeiten aufgetreten sind. Verzüge werden am einfachsten über Sammelbalken angezeigt, denn durch die Verdichtung der Vorgänge hoch zu KKS-Ebenen kann auf dieser Ebene der Verzug erkannt werden. Nur diejenigen Sammelbalken, wo Verzug erkennbar ist, werden weiter aufgegliedert, um zu erkennen, wo im Detail der Verzug aufgetreten ist. Diese Sammelbalken dienen auch als Strukturgrenzen für einen erneuten Kapazitätsabgleich.

Die gleiche Problematik wie bei Verzug tritt auf, wenn zusätzliche Arbeiten definiert werden, die während des Ausführens einer Arbeit entstehen. Zu diesen zusätzlichen Arbeiten werden Vorgänge gebildet, die in den Projektstrukturplan eingefügt werden.

Aufgetretene Zusatzarbeiten und Verzüge werden einem erneuten Kapazitätsabgleich unterzogen, wobei jetzt von der Tageslinie aus in die Zukunft gerechnet wird und die Planung

- ☐ sich auf in der Zukunft liegende geplante Vorgänge (VZ),

- ☐ sich auf in der Vergangenheit liegende geplante Vorgänge (VV),

- ☐ sich auf zusätzlich aufgetretene, in der Zukunft liegende geplante Vorgänge (VZZ)

- ☐ und bei Istvorgängen auf den noch abzuarbeitenden Restvorgang (RV)

bezieht. Die Anfangszeiten AZ der Restvorgänge sowie der noch nicht begonnenen, geplanten und in der Vergangenheit liegenden Vorgänge werden auf den Starttermin aktuelle Tageslinie (t_{heute}) gesetzt:

- ☐ $AZ_{RV} = t_{heute}$

- ☐ $AZ_{VV} = t_{heute}$

- ☐ AZ_{VZ} und AZ_{VZZ} bleiben zum Ausgangspunkt der Planung in ihrer zeitlichen Lage unverändert.

Der Kapazitätsabgleich entspricht im wesentlichen dem Ablauf "Planung vor der Revision". Er unterscheidet sich jedoch dadurch, daß keine Durchschnittsauslastung pro Woche gebildet wird, da es jetzt nicht mehr um eine gleichmäßige Auslastung der Kapazitätsgruppen geht. Innerhalb des Wochenrasters liegt jetzt ein Kapazitätsgebirge und keine gemittelte Kapazitätslinie vor. Es wird nun

versucht, direkt den auftretenden Tagesbedarf zu decken. Dazu wird linksbün-
dig der Kapazitätsbedarf mit dem zur Verfügung stehenden Kapazitätsangebot
ausgelastet.

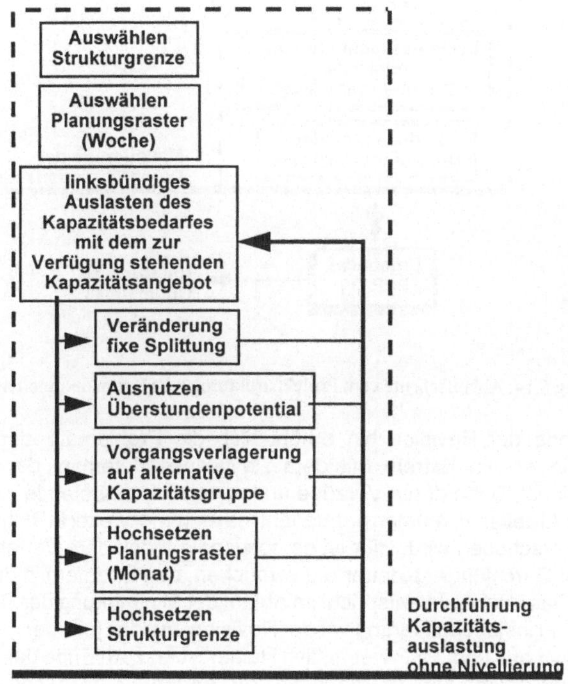

Abbildung 6.13: Kapazitätsauslastung während der Revision

Sind die Abweichung zwischen Bedarf und Angebot nach Auslastung zu groß,
so besteht jetzt zusätzlich zu den oben beschriebenen Möglichkeiten vor der
Revision die Option, das volle Überstundenpotential der Fremdfirmen zu nutzen.
Diese Option wird bei der Planung vor der Revision nicht genutzt, da hiermit
Mehrkosten verbunden sind. Die Überstundenpotentiale werden vor der Revisi-

on nur dann genutzt, wenn dies nach Durchführung der Kostenoptimierung als sinnvoll erachtet wird. Außerdem dienen Überstundenpotentiale als Reserve für die Kapazitätsgruppen, sozusagen als Freiheitsgrade, wenn es eng wird.

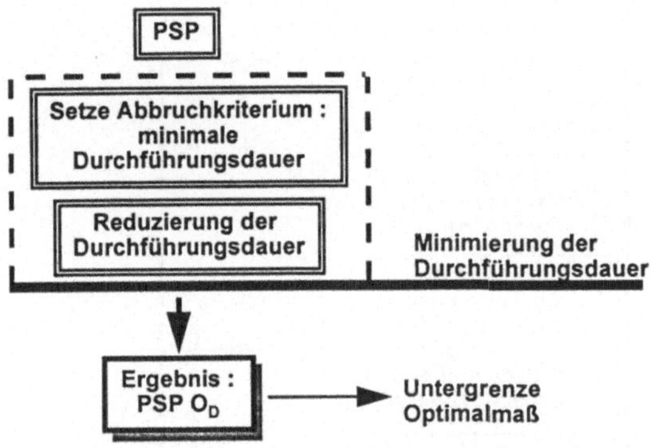

Abbildung 6.14: Ablaufschritte vom Projektstrukturplan PSP zum optimierten PSP O_D

Zum Ende der Revision hin erhöht sich die Problematik der Kollision mit Fixterminen - im Extrem mit dem Revisionsendetermin, der ebenfalls ein Fixtermin ist. Denn durch Verzüge und zusätzlich auftretende Arbeiten erhöht sich das Arbeitsaufkommen permanent, da es immer weiter in Richtung Revisionsende verschoben wird. Hier ist es notwendig, nach dem Verfahren "Minimierung der Durchführungsdauer" zu versuchen, den Endetermin der Revision zu halten. Das Verfahren entspricht im Ablauf der Minimierung der Durchführungsdauer zur Kostenoptimierung vor der Revision, nur das jetzt der zu betrachtende Ausschnitt aus dem PSP wesentlich kleiner ist und am Ende der Revision liegt. Das Abbruchkriterium ist die noch zur Verfügung stehende Zeit bis zum Revisionsende.

Nach Ermittlung der minimalen restlichen Durchführungsdauer ist es sinnvoll, den sich ergebenden PSP O_D einem Kapazitätsabgleich zu unterziehen.

6.2.3. Optimierung zur Verkürzung der Revisionsdauer vor bzw. während der Revision

Die Optimierung der VRF vor der Revision erfolgt in den Verfahrensschritten:

☐ Ermittlung der Kostenfunktion Kapazitätsreserve,

☐ Ermittlung der Kostenfunktion Ersatzstrombeschaffung,

☐ anschließend Reduzierung der Durchführungsdauer

bis das Abbruchkriterium erreicht ist. Die Reduzierung wird durch Parallelisieren von Vorgängen vorgenommen, wobei der Splittinggrad erhöht wird und Überstundenpotentiale genutzt werden.

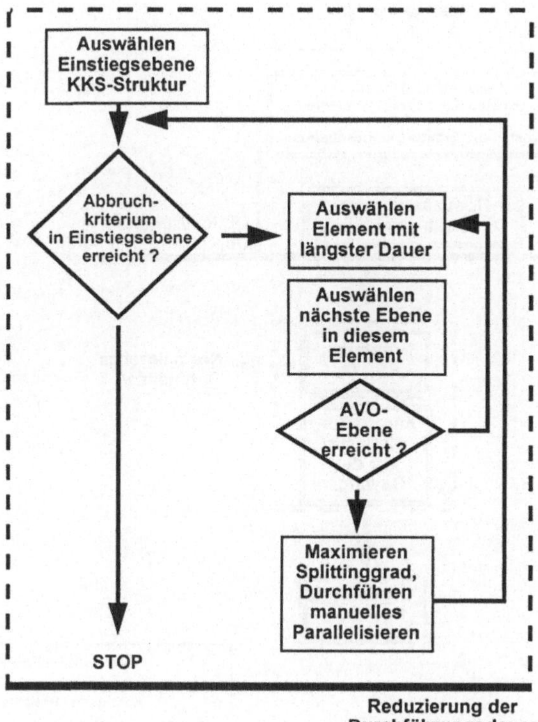

Abbildung 6.15: Reduzierung der Durchführungsdauer

Ist das Optimum und damit das optimale Revisionsende bekannt, kann der Planer innerhalb der Revisionsgrenzen die Kapazitäten der einzelnen Kapazitätsgruppen nach dem oben beschriebenen Verfahren nivellieren. Damit liegt eine kostenoptimale Reihenfolge im PSP $O_K{}^*$ für die Revisionsdurchführung vor.

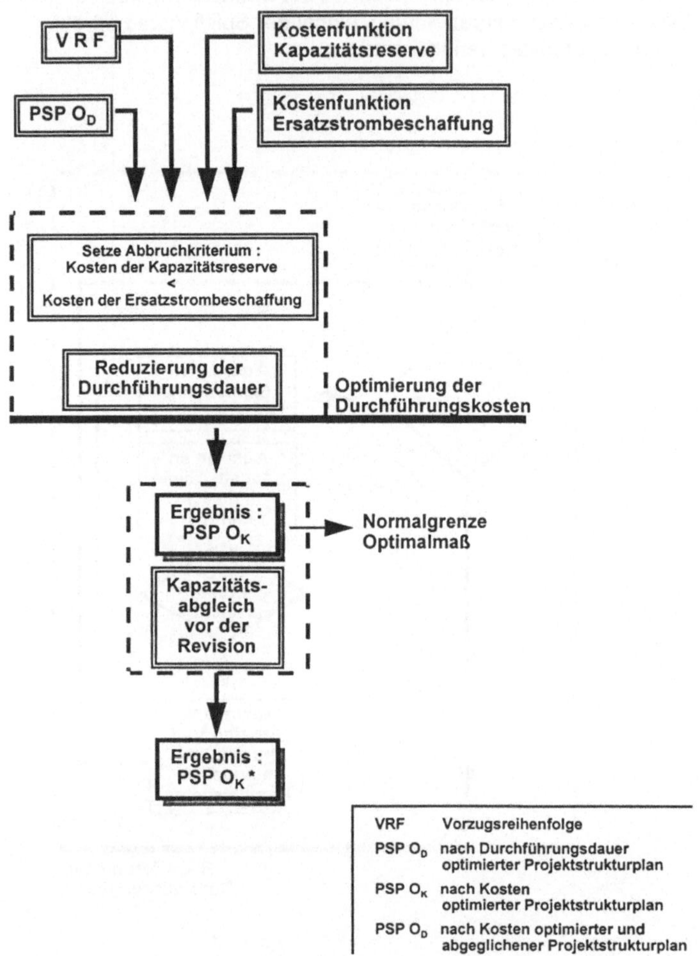

Abbildung 6.16: Optimierung der Durchführungskosten mit anschließendem
Kapazitätsabgleich

Das Optimum liegt vor, wenn die Kosten für die Kapazitätsreserve höher sind als die Kosten der Ersatzstrombeschaffung. Denn dann lohnt es sich nicht mehr, die Revisionszeit weiter zu verkürzen, der Einsatz von mehr Personal zur Zeitreduzierung ist teurer als die Einsparung an Ersatzstrom bringt.

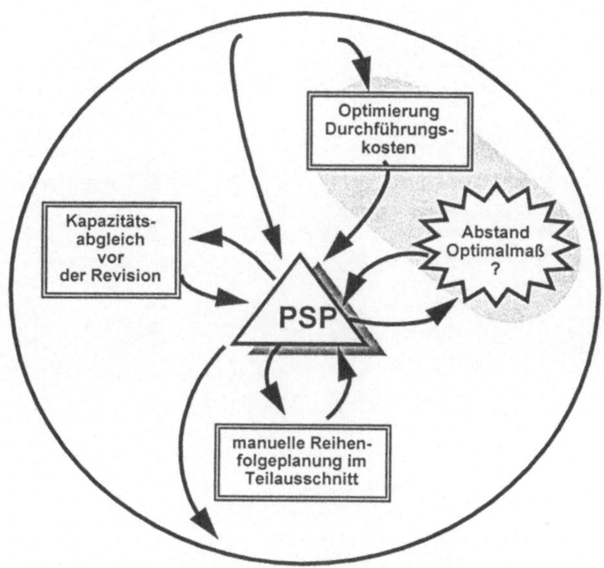

Ausschnitt aus der Planung vor der Revision

Abbildung 6.17: Werkzeuge zur Bearbeitung des Projektstrukturplanes PSP

Während der Optimierung der Durchführungskosten muß die Parallelisierung der Vorgänge zur Zeitreduzierung manuell durchgeführt werden. Und nach jedem Kapazitätsabgleich ist die durch das Verfahren veränderte Reihenfolge auf Schlüssigkeit zu prüfen.

Diese Eingriffe in den PSP müssen ganz bewußt manuell durch den Planer durchgeführt werden, damit er den Überblick über den Revisionszusammenhang hat, gesetzte Abhängigkeiten und die Anbindung an Fixtermine verfolgen kann. Ein automatisches Verschieben würde der Philosophie dieses Ansatzes widersprechen, denn der Planer soll aktiv die Reihenfolge gestalten. Die menschliche Intuition und Flexibilität soll ganz bewußt nicht durch vollständige Automatisierung unterbunden werden.

Eine Optimierung während einer Revision macht keinen Sinn, da der Endetermin verbindlich festgelegt ist. Dann geht es ausschließlich um die Einhaltung des Endetermines der Revision.

7. Das Verfahren als DV-System zur Revisionsplanung und -steuerung

7.1. Die Gestaltung und Einführung des Systemes gAPSS

Das in -> Kapitel 5 bzw. 6 erarbeitete Verfahren ist als DV-System namens gAPSS (graphisches **A**uftrags**p**lanungs und -**s**teuerungs**s**ystem) realisiert worden und wird in einem süddeutschen Kraftwerk seit 1993 zur Revisionsplanung und -steuerung eingesetzt. Dort ist seit 1989 das Instandhaltungssystem der Firma SAP RM-Inst R2, Release 4.3 [7.1] im Einsatz, auf dessen Daten gAPSS zugreift. Zur Termin- und Kapazitätsplanung sowie zur Optimierung werden die Arbeitsvorgänge in gAPSS im Projektstrukturplan angeordnet, mit Start- und Endezeitpunkten versehen und anschließend wird die Termininformation an SAP zurückgegeben.

Damit fügt sich die Termin- und Kapazitätsplanung als expliziter Baustein außerhalb des SAP-Systemes in den bisherigen Ablauf der Instandhaltungs-auftragsabwicklung ein (-> Abbildung 7.1). Dies war eine wichtige Anforderung bei der Gestaltung des Systemes, damit auch weiterhin die Möglichkeiten des Instandhaltungssystemes SAP RM-Inst genutzt werden können und keine bisher getätigten Aufwände und Investitionen in SAP verloren gehen.

Bei der Konzeption von gAPSS wurde von einer modernen Rechnerumgebung ausgegangen, die zukunftsweisend aber auch kostengünstig ist. Daher wurde ein dezentrales PC-System eingeführt, das im Zuge der verschiedenen Ein-führungsschritte zu einem PC-Netzwerk mit mehreren Rechnern ausbaufähig ist. Das PC-System beinhaltet eine Schnittstelle zum Großrechner, auf dem das SAP-System läuft.

7.1   Der Releasestand 4.3 war zum Zeitpunkt der Realisierung des Systemes gAPSS und der Schnittstelle zum SAP-System gültig. Mittlerweile ist in dem Unternehmen der Releasesstand 5.0 E eingeführt (1995).

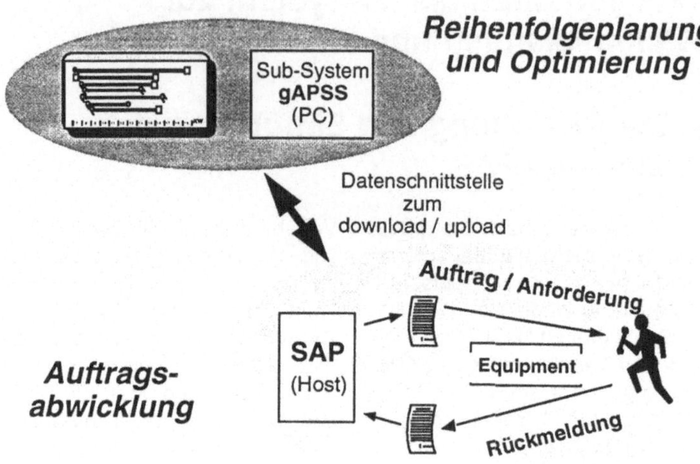

Abbildung 7.1: gAPSS im Instandhaltungsablauf

Die Software selber basiert auf einer relationalen Datenhaltung und ist mit einer graphikfähigen Oberfäche versehen [7.2] . Damit kann die Anforderung erfüllt werden, für unterschiedliche Benutzer des Systemes einfach in der Bedienung und leicht erlernbar zu sein.

Die Einführung des Systemes erfolgt in vier Schritten [7.3]:

1. Schritt: Einführungsphase

mit den wesentlichen Funktionen zum Einlasten der Aufträge aus SAP in

---

7.2   Die Software ist in C++ geschrieben, als Datenhaltung wurde die xbase-Datenbank foxpro der Frima Microsoft eingesetzt. Das System verwendet die Microsoft Windows Oberfläche in der Version 3.0 oder höher.

7.3   Das schrittweise Vorgehen hat Vorteile zum einen in der Entwicklung des Systemes, denn durch den frühzeitigen Einsatz beim Anwender kann die Prototypingphase mit einem Praxistest ergänzt werden. Dadurch können problemlos Anpassungen, Wünsche und gegebenenfalls Änderungen vom Anwender in die weitere Entwicklung der jeweils nächsten Stufe einfließen. Für den Anwender hat dieses Vorgehen zum anderen den Vorteil, daß er in Teilschritten mit jeweils begrenzter Funktionalität die Arbeit mit dem System erlernen kann. Auch können eventuell notwendige organisatorische Anpassungen schrittweise erfolgen.

Der Nachteil der längeren Einführungszeit tritt nicht besonders ins Blickfeld, da bei einer sofortigen vollständigen Einführung des Systemes Probleme in der Anwendung und somit in der Akzeptanz durch den Anwender zu erwarten wären, die den Zeitvorteil erheblich schmelzen lassen würden.

gAPSS, der vollständigen Terminplanung mit Ausdruckfunktion sowie das Rückspielen der Daten in das SAP-System.

2. Schritt: Kapazitätsplanung

Neben der Darstellung der Kapazitätssituation in der mehrteiligen Bildschirmdarstellung umfaßt dies die Möglichkeiten zur Umplanung mit entsprechender Darstellung am Bildschirm.

3. Schritt: Mehrbenutzerbetrieb

Das System wird um Systemfunktionen für den Mehrbenutzerbetrieb ergänzt, da wesentlich mehr Anwender (Meisterbereiche) als in den ersten Einführungsschritten mit dem System arbeiten und Informationen aus dem System einsehen wollen.

4. Schritt: Optimierung

Diese Funktion ist erst nach einiger Erfahrung mit dem Einsatz des Systemes sinnvoll, da hierzu die Bereitschaft der Meisterbereiche notwendig ist, die Zeitverkürzung auch realisieren zu wollen. Dies kann erst nach nach ausreichender Erfahrung und Akzeptanz geschehen.

7.1.1. Visualisierung

Zur Visualisierung des Projektstrukturplanes stehen ein textorientierter [7.4] sowie ein graphikorientierter Verarbeitungsmodus zur Verfügung.

Die Anzeigen im Graphikmodus erfolgen

☐ anlagen- + auftragsbezogen,

d.h. KKS-, Objekt-, Auftrags- orientiert in der Balkendarstellung oder

☐ ressourcenbezogen,

d.h. Kapazitätsgruppen-, Arbeitsplatz-, Fremdfirmen- bzw. Betriebsmittelorientiert als Kapazitätsbelastungsdiagramm.

7.4   In der textorientierten Darstellung können alle Daten, die zur Planung im graphischen Verarbeitungsmodus vorliegen, als Textinformation eingesehen werden. Dabei wird die SAP Auftragsstruktur abgebildet, die notwendigen Masken orientieren sich an der SAP Maskengestaltung. Damit steht dem Benutzer eine für ihn bekannte Darstellung der Daten zur Verfügung, was eine erhöhte Akzeptanz und einen verringerten Lernaufwand bedeutet.

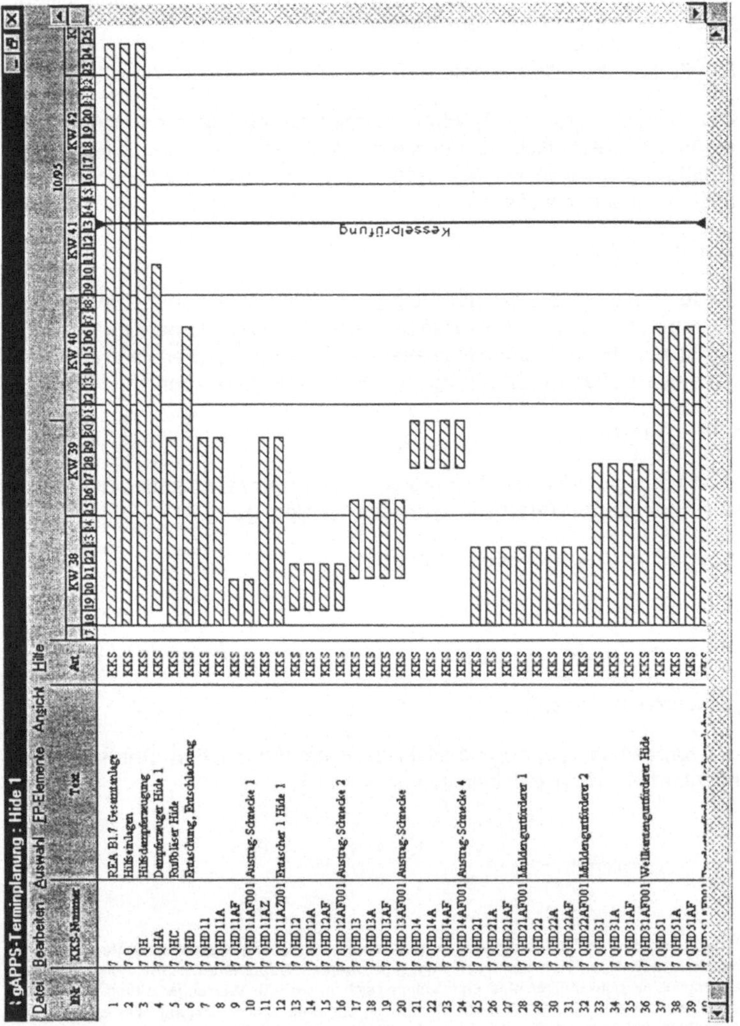

Abbildung 7.2: Maskenaufbau, graphikorientierte Darstellung

Die anlagen- bzw. auftragsbezogene Balkendarstellung zeigt alle Ebenen der KKS-Struktur bis zum Equipment sowie die Ebenen der Auftragsstruktur an. Zu jedem einzelnen Balken kann ein Info - Fenster eingeblendet werden, daß spezifische Informationen zum Balken anzeigt. Materialien und Betriebsmittel werden zugeordnet, indem sie im Info - Fenster zum Arbeitsvorgangsbalken aufgeführt sind.

Das Kapazitätsbelastungsdiagramm zeigt die Kapazitätseinlastung einer Arbeitsgruppe oder einer Fremdfirma über einen einstellbaren Zeitraum an.

7.1.2. Aufgaben von gAPSS im Zusammenspiel mit dem Instandhaltungssystem SAP RM-Inst

Um die notwendigen Anpassungen im bestehenden Organisations- und Planungsablauf zur Einführung eines speziellen Werkzeuges für die Revisionsplanung und -steuerung zu reduzieren, sollten möglichst wenig Änderungen in der bisherigen Ablauforganisation durchgeführt werden. Dies bedeutet, daß beispielsweise die Funktionen

☐ Auftragsgenerierung und Rückmeldung

☐ Materialplanung und -disposition,

☐ Fremdfirmenabwicklung, Kontrakteverwaltung

ohne Einfluß durch das System gAPSS wie bisher über SAP abgewickelt werden. Damit können schon etablierte Abläufe weiterhin ohne Änderung genutzt werden [7.5].

gAPSS hat die Aufgabe, für die AVO's

☐ die Auftragsstart und -endetermine,

☐ die fixe Splittung und

☐ evtl. eine Änderung der ausführenden Kapazitätsgruppe

in den Schritten Reihenfolgeplanung (Terminierung), Kapazitätsplanung und gegebenenfalls Optimierung zu ermitteln.

Basis des Planungsablaufes ist der Bestand an Arbeitsplänen sowie an Historiedaten bereits durchgeführter Revisionen im SAP-System RM-Inst. Zur Vorbereitung einer neuen Revision erfolgt eine Selektion der geeigneten Daten für die neue Revision im SAP-System.

7.5   Hiervon unabhängig ist jedoch die Entscheidung, den einzelnen Arbeitsgruppen die Verantwortung für die Einhaltung der Termine zu übertragen. Damit wird sicher sehr gravierend in die bisherige Ablauforganisation eingegriffen.

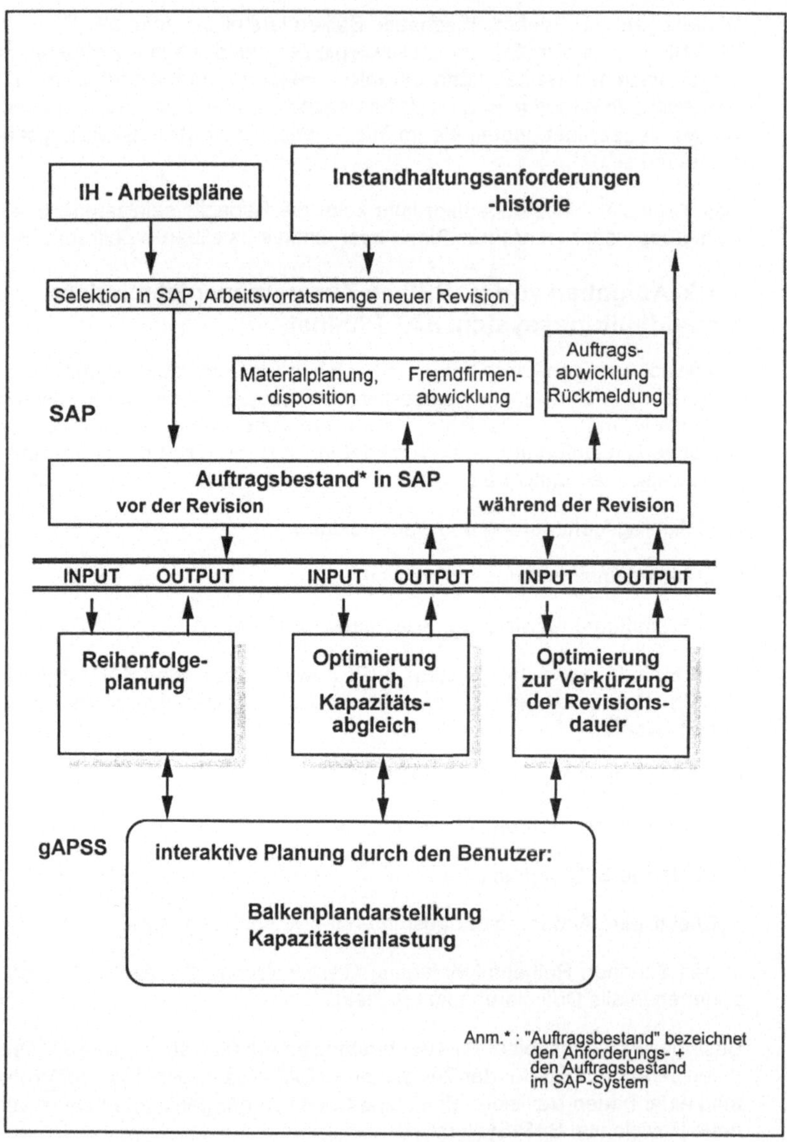

Abbildung 7.3: Aufgaben SAP, Aufgaben gAPSS

Diese Selektion erzeugt den Auftragsbestand im IHS, der über eine Daten-
schnittstelle an gAPSS übertragen wird. Zur Verarbeitung der Daten ist die
spezifische Gestaltung des Auftragswesens im SAP-System zu berücksichtigen
[7.6].

Nach Einlastung der Daten über die Schnittstelle stehen die Daten zur Planung
bereit. Der Benutzer kann eine Planung durchführen und wird dabei durch die
Verfahren zur Reihenfolge- und Kapazitätsplanung sowie zur Optimierung
unterstützt. In der Regel wird der Anwender in mehreren Versuchen Veränderungen durch Verschieben von Vorgängen simulieren und durch Anzeige auf
dem Bildschirm bzw. ausdrucken / plotten des Zwischenergebnisses die Ablauf-
folge kritisch prüfen. Er hat die Möglichkeit, solche Simulationen abzuspeichern.
Nach Abschluß der Planung kann er den Datenbestand nach SAP übertragen.
Der Benutzer hat auch die Möglichkeit, nur einen Teil der Daten durch entsprechende Selektion zu übertragen. Die restlichen Daten sollten in gAPSS gespei-
chert werden.

Die von gAPSS übertragenen Daten werden in das SAP Auftragsgefüge einge-
ordnet, ohne das der Benutzer des SAP-Systemes gesonderte Routinen zu
beachten hat. Im Instandhaltungssystem SAP erfolgt die vorhandene Steuerung
des Auftragsablaufes mit Auftragsgenerierungs- und Rückmelderoutinen der
eigenen Werkstätten sowie der hinzuzuziehenden Fremdfirmen.

Es können beliebig oft Aufträge über die Schnittstelle an gAPSS übertragen
werden. Eine Datenübertragung ist immer dann sinnvoll, wenn beispielsweise
durch die täglichen Rückmeldungen oder durch neue, zusätzlich auftretende
Arbeiten Änderungen am ursprünglichen Projektstrukturplan erfordern. Der
geänderte Planungsstand wird anschließend an das IHS zurückgespielt.

In gAPSS können keine Neudefinitionen von Arbeiten und damit von neuen
Balken sowie Änderungen an den Arbeitsinhalten durchgeführt werden. Dies ist
ausschließlich im SAP-System möglich. Gleiches gilt für Materialien und Betriebsmittel. Damit ist für die eigentliche Instandhaltungsabwicklung SAP das
führende System, zur Terminierungs- und Kapazitätsplanung sowie zur Optimierung ist gAPSS zuständig.

7.6   Im SAP-System wird zwischen Anforderung - vorgeplante Maßnahme ohne Auswirkung auf die
      Kostenverarbeitung in den übrigen SAP-Modulen - und Auftrag - aktivierte Maßnahme mit
      Kostenzuordnung - unterschieden. Beide Arten sind zu berücksichtigen, zudem ist zu gewährlei-
      sten, daß aus einer Anforderung i.d.R. ein Auftrag wird. Die Anforderung sowie der Auftrag gliedern
      sich in Positionen und Arbeitsvorgänge, den Arbeitsvorgängen sind Betriebsmittel und Materialien
      zugeordnet.

7.2. Reihenfolgeplanung

Nach der ersten Übertragung der Daten aus dem Instandhaltungssystem wird in gAPSS wie in -> Kapitel 5. bzw. 6. beschrieben mit Hilfe der KKS-Struktur die Vorzugsreihenfolge aufgebaut, was teilweise automatisch und teilweise manuell unter Einflußnahme des Planers erfolgt. Die Aufträge werden im SAP Instandhaltungssystem einem Anlagenelement - einem Element in der technischen Struktur - zugeordnet, woraufhin gAPSS die Bildung der ersten Reihenfolge vornimmt, aus der dann der Planer die Vorzugsreihenfolge bildet.

Beim wiederholten Übertragen von geänderten oder neu entstandenen Arbeitsvorgängen von SAP nach gAPSS bleibt die Vorzugsreihenfolge bzw. der PSP erhalten, die Änderungen werden logisch eingefügt, soweit dies automatisch durch das System erfolgen kann. Hierzu ist jedoch eine Kontrolle und gegebenenfalls ein manueller Eingriff durch den Planer erforderlich.

Die Darstellung des Projektstrukturplanes als Balkenplan kann in seiner Anzeigetiefe durch individuelle Selektionsmöglichkeiten eingestellt werden. Es ist damit möglich, ein KKS - Element als Summenbalken aller seiner AVO´s darzustellen. Der Balken beginnt mit dem ersten AVO, der zu dem KKS-Element gehört und endet mit dem letzten zum KKS - Element gehörenden AVO. Somit können differenziert alle KKS-Elemente, ihre Struktur, die zugehörigen Equipments sowie alle Aufträge mit Positionen, AVO´s und Betriebsmittel angezeigt werden. Genauso können gezielt für einen einzelnen Balken oder für eine Ebene darunterliegende Ebenen ausgeblendet werden.

Damit wird eine hohe Übersichtlichkeit erreicht, die zur effektiven Planung unbedingt notwendig ist. In den ausgeblendeten Ebenen werden intern alle notwendigen Verschiebungen mitgeführt.

Der Benutzer hat außerdem die Möglichkeit, einen einzelnen Balken zu aktivieren und ihn am Bildschirm zu verschieben. Während des Verschiebens öffnet sich am Bildschirm zum Balken ein Fenster, in dem die aktuellen Daten zum Verschieben angezeigt werden. Handelt es sich dabei um einen Summenbalken, so werden die darunterliegenden abhängigen Balken (KKS - Elemente, Equipments, Anforderungen / Aufträge, Positionen und AVO´s) mit verschoben.

Beim Verschieben z.B. eines AVO´s über den Startzeitpunkt des zugehörigen Auftrages hinaus, verändert sich der Startzeitpunkt des Auftrages entsprechend. D.h. bei der manuellen Planung mit impliziten Abhängigkeiten werden die Summenbalken von unten nach oben ebenfalls berücksichtigt und gegebenenfalls angepaßt. Desweiteren hat der Benutzer die Möglichkeit, die Länge eines AVO´s zu verändern. Dies ist nur auf AVO - Ebene möglich, da mit der Änderung der Dauer eines AVO´s die Anzahl beteiligter Personen (fixe Splittung) verändert wird.

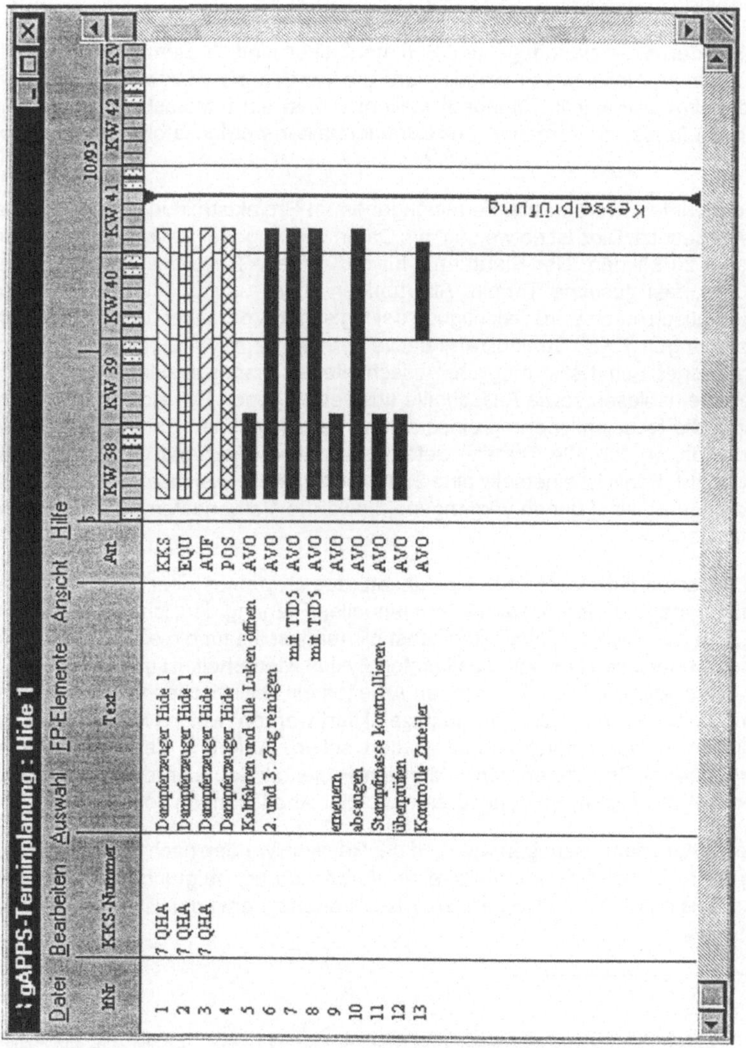

Abbildung 7.4: Selektion über die Struktur und Darstellung aller zugehörigen Ebenen

Um die Komplexität in der Planung zu verringern und mit dem Hintergrund, daß mit dem System nur bis zu einem gewissen Genauigkeitsgrad gearbeitet werden soll, ist das Planungsraster von gAPSS der 1/1 Tag. Eine exaktere Feinplanung ist für die Revisionsplanung und -steuerung nicht gefordert (-> Kapitel 6.1.1.1.). Es kann somit nicht minuten- oder stunden-genau geplant werden, das unterste Zeitraster im System ist ein ganzer Tag [7.7].

Neben den Arbeitsvorgangs- und Summenbalken sind als Elemente im Projektstrukturplan Meilensteine vorgesehen. Sie werden als senkrechte Linien am Bildschirm dargestellt. Zu jedem Meilenstein ist ein Infofenster einblendbar, Verknüpfungen zu Vorgangs- und Summenbalken werden farblich hervorgehoben.

Rechnerintern werden alle Terminangaben im Projektstrukturplan auf relative Werte gesetzt. Dies ist notwendig, um Daten vergangener Revisionsplanungen nutzen zu können. Der Starttermin für die aktuelle Revisionsplanung ist der einzige, fest gesetzte Termin. Alle übrigen Start- und Endetermine werden automatisch durch Berücksichtigung der logischen Vorgänger- und Nachfolgerbeziehungen (KKS - Struktur) als relative Termine dem Starttermin der Revision zugeordnet. Somit ist es möglich, Ausschnitte des Planes abzulegen und später wieder einzulesen sowie Ausschnitte aus vergangenen Revisionen zu nutzen. Durch die Neueingliederung eines solchen ausgelesenen Datenbestandes in den Plan werden alle Termine automatisch aktualisiert und im aktiven Plan angepaßt. Somit ist einerseits eine Simulation eines Revisionsablaufes möglich und andererseits können vergangene, bewährte Vorgangsterminierungen genutzt werden.

Damit ist es auf Dauer, d.h. bei Einsatz des Systemes über mehrere Jahre hinaus, möglich, den Aufwand der manuellen Planung deutlich zu reduzieren. Da sich der Revisionsinhalt zumindest planungsseitig für die einzelnen Blöcke eines Kraftwerkes in einem bestimmten Zyklus wiederholt, ist nach einiger Zeit für die jeweiligen durchzuführenden Arbeiten ein realistisches Planungsgerüst vorhanden. Es muß dann nur noch selektiert werden, welche Maßnahmen an welchen Anlagen durchgeführt werden sollen. Aufgrund der Historiedaten vergangener Revisionen kann dann ein Projektstrukturplan direkt aufgebaut werden, der wesentlich geringerer manueller Anpassungen bedarf.

Die Planungsanpassungen während der Revision werden nach wie vor notwendig sein, wobei hier ebenfalls eine Verbesserung aufgrund der besseren Kenntnis des Ablaufes vergangener Revisionen zu erwarten ist.

7.7   Systemintern werden die Balken an 4 möglichen Positionen zu einem Tag eingelastet, dazwischenliegende Zeiten werden gerundet.

7.3. Optimierung durch Kapazitätsabgleich

Zur Darstellung der Kapazitätssituation sind verschiedene Selektionen möglich, die Auswahl einer oder mehrerer Kapazitätsgruppen (Summendarstellung), die Selektion nach bestimmten KKS-Elementen oder Ebenen, sowie die Auswahl eines Zeitfensters und Rasters. Zudem können diese Selektionen miteinander kombiniert werden. Es ist außerdem möglich den Bildschirm in mehrere Anzeigen zu teilen, so daß die Kapazitätsdarstellung und der Projektstrukturplan gleichzeitig angezeigt werden können. Der Vorteil dieser Anzeigemöglichkeit liegt darin, daß neben der Kapazitätsbelastung der zeitliche Fortschritt der AVO's pro Arbeitsgruppe in seinen Abhängigkeiten gleichzeitig darstellbar ist.

Zur Durchführung des Kapazitätsabgleich kann am Bildschirm eine Kapazitätsgrenze eingestellt werden, wobei für jeden Tag Normalstunden, Überstunden pro Werktag und Wochenende differenziert werden. Damit werden Kapazitätsangebot, noch nicht genutztes Reserveangebot und der Kapazitätsbedarf am Bildschirm dargestellt.

Verschiebungen aufgrund des automatischen Kapazitätsausgleiches oder manueller Art werden farblich dargestellt. Die Auswirkung einer Verschiebung ist jederzeit nachvollziehbar.

7.4. Optimierung zur Verkürzung der Revisionsdauer

Zur Optimierung ist die Ermittlung des Optimalmaßes wichtig, damit kann der Planer bei der Reihenfolgeplanung vor der Revision die Güte seiner Planung in Bezug auf die Durchführungskosten abschätzen. In gAPSS ist diese Funktion gegenwärtig als gesonderter Rechenlauf realisiert, zu dem die Verfügbarkeitsausfallkosten explizit eingegeben werden müssen. gAPSS ermittelt dann zu einem vom Planer gestalteten Projektstrukturplan die Prozentabweichung zum theoretisch ermittelten VRF O_K.

8. Zusammenfassung und Ausblick

Mit dem entwickelten Verfahren wird ein Auftragsnetz unter Berücksichtigung verschiedener Restriktionen aufgebaut, was teilweise mittels Algorithmen und teilweise durch manuelle Eingriffe seitens eines Planers erfolgt. Damit kann der Planer interaktiv in den Planungsprozeß eingreifen, wobei er durch verschiedene Visualisierungen des Planungsablaufes, wie z.B. Balken- und Kapazitätspläne, unterstützt wird. Der Aufbau des Auftragsnetzes erfolgt durch die Schritte Reihenfolgebildung, Kapazitätsabgleich und Optimierung.

Zur Reihenfolgeplanung wird die technische Struktur einer Anlage genutzt. D.h. die Baugruppen einer Anlage werden unabhängig voneinander betrachtet, jede wird separat geplant, da sie ja auch unabhängig voneinander revidiert werden. Durch Zusammenführung der Baugruppen wird der Zusammenhang zur Anlage wieder hergestellt. Die Aufträge werden schon bei ihrer Definition in einem Instandhaltungssystem einem Anlagenelement - einem Element in der technischen Struktur - zugeordnet. Dies ist Voraussetzung für den Planungsansatz, der darauf basierend die Bildung der Reihenfolge vornimmt. Eine technische Anlagenstruktur ist leichter vorstell- und darstellbar wie die abstraktere Bildung der Auftragsreihenfolge in der Netzplantechnik. Durch den Zugriff auf die Anlagenstruktur erfolgt die Reihenfolgebildung weitgehend ohne manuelle Arbeit.

Ein kritischer Pfad wie in der Netzplantechnik wird nicht ermittelt, die beteiligten Kapazitätsgruppen erhalten die Verantwortung zur Einhaltung der Termine. Durch die Berücksichtigung der Istdaten im Algorithmus kündigen sich "kritische" Aufträge an, die in Verzug sind. Die Verantwortung über diese Verzüge liegt jedoch in den Arbeitsgruppen und nicht mehr bei einem zentralen Planer. Sie sind deswegen aus eigenem Interesse bemüht, die Termine und insbesondere die übergeordneten Fixtermine einzuhalten.

Der Kapazitätsabgleich erfolgt mit Hilfe einer Heuristik, auf deren Basis die Verschiebung von Aufträgen erfolgt. Durch eine Revisionskostenoptimierung wird ein Optimalmaß bestimmt. Damit kann ein Planer verschiedene Ablaufalternativen der Revision gegenüberstellen und bewerten, somit verschiedene Einflüsse auf die Revision berücksichtigen und sich iterativ zur besten / sinnvollsten Lösung vorarbeiten. Damit wird die Unschärfe in den Planungsdaten berücksichtigt, die bei einer Revision durch nicht vorplanbare, erst beim Öffnen eines Anlagenelementes auftretende Arbeiten, erheblich sein kann.

Mit dem in dieser Arbeit entwickelten Verfahren wird gegenüber bisherigen Methoden die Bedeutung des Planers sowie des Ausführenden neu definiert. Der Planer gibt damit keine starren Termine mehr vor, der Ausführende hat nicht mehr die Ergebnisse eines Algorithmus kommentarlos zu akzeptieren und zu verarbeiten, sondern wird aktiv in den Planungsprozess einbezogen. Mit dem

Verfahren werden die ablaufenden Planungsschritte bei sehr hohen Datenmengen und entsprechend hoher Planungskomplexität überschaubarer gemacht, so daß ein Planer in den Prozeß eingreifen kann, beziehungsweise zur Entscheidung über den Ablauf einer Revision auch eingreifen muß. Auf diese Weise fließen wesentliche Aspekte der neuen dezentralen Organisationskonzepte in diesen Ansatz ein, indem einerseits dem Menschen mehr Verantwortung übertragen und andererseits der gesamte Planungsvorgang in seiner Komplexität erheblich reduziert wird. Wichtig ist aber auch, daß Informationen aus einem konventionellen Instandhaltungssystem benötigt werden. Der hier entwickelte Ansatz benötigt diese Informationen, um den Revisionsablauf zu optimieren. Somit erfolgt eine Synthese der bisher entwickelten Methoden der DV-unterstützten Planung mit den neu entwickelten Konzepten dezentraler Organisationsstrukturen zu einer fraktalen Fabrik.

Die ersten Erfahrungsberichte aus dem Einsatz in einem Kraftwerk zeigen positive Ergebnisse. Damit hat sich der erarbeitete Ansatz für die spezifischen Anforderungen eines Kraftwerkes, wie sie in -> Kapitel 2. erarbeitet wurden, als sinnvoll erwiesen.

Die wesentlichen Hemmnisse, die bei der Einführung des Systemes aufgetreten sind, resultieren aus der vorhandenen Ausgangslage im Kraftwerk. Dies bezieht sich einerseits auf die vorhandene Ablauforganisation und auf die im SAP-System vorhandenen Daten. Änderungen bzw. Ergänzungen an der ursprünglichen Konzeption von gAPSS, in der Gestaltung der Schnittstelle sowie in der Ablauforganisation sind vorgenommen worden, da sonst deutliche Einschränkungen bzgl.

☐ dem Vorliegen von Planzeiten (Kapazitätsbedarf)

☐ der Start- und Endeterminplanung auf Arbeitsvorgangsebene bei Anforderungen

☐ der Möglichkeit auf Ressourcendaten zuzugreifen

☐ der Materialverfügbarkeitsinformationen

hätten hingenommen werden müssen.

Diese vier Fälle zeigen, daß schon vorhandene Arbeitsweisen und Abläufe die Einführung von DV-Unterstützungen in der Ablauforganisation erheblich erschweren. Die Implementation eines Systemes wie gAPSS in eine vorhandene Ablauforganisation zur Revisionsplanung erfordert viele Arbeiten im Detail. Sie sind zwar aufwendig aber unbedingt notwendig, um zu dem Erfolg zu kommen, der von dem System erwartet wird.

Mit dem System sind mittlerweile in dem oben erwähnten Kraftwerk (Stand '94) zwei Revisionen abgewickelt worden, die jeweils in der Größenordnung von ca. 100 Mio DM Gesamtumfang lagen und in einer Zeitspanne von ca. 3 Monaten abgelaufen sind.

Diese Einsätze in der Praxis zeigen, daß das Instandhaltungsmanagement bei der Revisionsabwicklung in der Auftrags- und Kapazitätssteuerung erheblich besser als bisher unterstützt wird. Bei der Durchführung einer sehr komplexen Revision mit ca. 12000 Aufträgen bei 85 % Fremdanteil und einem Gesamt-revisionsumfang von über 100 Mio DM hat sich gezeigt, daß mit gAPSS in Verbindung zu einem konventionellen Instandhaltungssystem große Fortschrit-te in der Auftragssteuerung gemacht werden konnten. Der Ablauf der Revision wurde überschaubarer, bei wesentlich geringerem zentralen Planungsaufwand. Im Ergebnis hat sich die Effektivität der Arbeiten zur Revision deutlich erhöht.

Offen bleiben noch die Fragen, ob es weitere Verbesserungspotentiale im Verfahren selbst gibt und ob in anderen Einsatzgebiete mit ähnlicher Aufgaben-stellung der Einsatz des Verfahrens sinnvoll ist.

Eine Verbesserung im Verfahren selbst kann in der Erhöhung der Anwendungs-geschwindigkeit und der Rechengenauigkeit liegen. Bei Berücksichtigung grö-ßerer Planungsausschnitte des PSP läßt sich durch die Verwendung in letzter Zeit entwickelter, mathematischer Methoden wie beispielsweise Fuzzy-Ansätze /ZIMH 93, ALT 93/ und genetischer Algorithmen /DUE 93/ eventuell eine Verbesserung erzielen. Die Verbesserung gegenüber dem hier entwickelten heuristischen Verfahren muß aber genau geprüft werden, insbesondere bezüg-lich der effektiven Verbesserung für den Planer. Denn sonst unterliegt man hier dem klassischen Fehler deterministischer Denkweise (-> Kapitel 3.).

Der Einsatz in weiteren Anwendungsgebieten kann sich relativ problemlos bei Revisionsmaßnahmen in anderen technischen Anlagen, beispielsweise der chemischen Indusrie oder ggfs. auch bei Hochseeschiffen ergeben. Das Krite-rium hierfür ist

☐ eine hohe Anlagenkomplexität

☐ hohe Verfügbarkeitsanforderungen

☐ wenige Produkte, die von der Anlage hergestellt werden

☐ und eine gewisse Wiederholhäufigkeit der anfallenden Tätigkeiten.

Für dieses Profil ist lediglich eine andere Anlagenstruktur notwendig, die vergleichbar der KKS ist.

Für andere Anwendungen mit anderem Profil ist die Einsatzmöglichkeit differenziert zu prüfen. Möglichkeiten ergeben sich durch den Einsatz von Teilen des Verfahrens, beispielsweise zur Steuerung dezentraler Gruppen / Fraktale im Rahmen des DAPV-Konzeptes [8.1]. Hier kann das Verfahren Hilfestellungen bieten für Planungs- und Steuerungsaufgaben direkt für die Gruppen aber auch für verbleibende zentrale Einheiten.

8.1   DAPV steht für dezentrale Prozess- und Anlagenverantwortung. Vgl. hierzu /STE 94/.

9. Literaturverzeichnis

ABB 91 ABB; KKS Kraftwerk-Kennzeichensystem; ABB Kraftwerke AG, Druckschrift Nr. D KW 6130 91 D : Mannheim; 1991

ALT 93 Altrock, C. v.; Fuzzy Logic am Praxisbeispiel; Spektrum der Wissenschaften, März 1993; 1993

AND 77 Anders, H.; Wozu ein neues Kraftwerks - Kennzeichnungssystem ?; BBC, Druckschrift Nr. D GK 70124 D, Sonderdruck aus BBC-Nachrichten, Jahrgang 59 Heft 1-1977, S. 45 - 50; 1977

ANO 93 anonym.; Developing a cost optimised condition monitoring system for a power station.; Power International, Band 39 (1993) Heft 2, Seite 9-11; 1993

ARI 91 Arie, R.; Preventive maintenance in electric power installations: Its current status and perspectives; Hitachi Review Vol. 40 (1991), No. 2; 1991

BAL 89 Balk, H.; Neuorientierung im Projektmanagement; Hdb. Projektmanagement; 1989

BIN 90 Bindoni, S.; Effizienzsteigerung bei Revisionen durch einen neuen EDV-unterstützten Planungsansatz; S 3 Management Service, Wien; 1991

BUS 89 Buschsieper, P.; Landwehr, St.; Diagnose-System erhöht die Verfügbarkeit von Speisepumpen; BWK Bd. 41 (1989) Nr. 10 - Oktober; 1989

CAM 90 Camsey, G.; Die Privatisierung der Stromversorgungsindustrie in Großbritanien; VGB Kraftwerkstechnik 70 (1990), Heft 3; 1990

CAM 94 Camsey, G.T.B.; Der Energiemarkt in Großbritanienen; VGB Kraftwerkstechnik 74 (1994), Heft 2; 1994

CON 89 Contaxis, G.-C.; Kavatza, S.-D.; Vournas-C-D.; An interactive package for risk evaluation and maintenance scheduling.; IEEE Transactions on Power Systems, Band 4 (1989) Heft 2, Seite 389-395; 1989

CON 90 Concannon, K.H.; Jardine, A.-K.-S.; McPhee. J.; Balance maintenance costs against plant reliability with simulation modeling.; Industrial Engineering, Band 22 (1990) Heft 1, Seite

22-26; 1990

DIN 31051 Instandhaltung; Deutsche Normen; 1985

DIN 4000 Teil 1; Sachmerkmal - Leisten, Begriffe und Grundsätze; Deutsche Normen 1981

DIN 40150 Begriffe zur Ordnung von Funktions- und Bauteilen; Deutsche Normen; 1979

DIN 50320 Verschleiß; Deutsche Normen; 1979

DIN 69901 Projektmanagement, Begriffe; Deutsche Normen; 1987

DOB 89 Dobson, R.; Wild. W. jr.; Plant's computerized maintenance system improves operations.; Power Engineering, Barrington, Band 93 (1989) Heft 5, Seite 30-32; 1989

DOM 91 Domschke, W.; Drexl, A.; Kapazitätsplanung in Netzwerken. Ein Überblick über neuere Modelle und Verfahren; OR Spektrum (1991) 13: 63 - 76; 1991

DUE 93 Dueck, G.; Scheuer, T.; Wallmeier, H.-M.; Toleranzschwelle und Sintflut: neue Ideen zur Optimierung; Spektrum der Wissenschaft, März 1993; 1993

DÜR 88 Dürr, W.; Kleibohm, K.; Operations Research; München: Hanser; 1988

DWO 92 Dworatschek, S.; Hayek, A.; Marktspiegel Projektmanagement Software; Köln: TÜV Rheinland; 1992

EDG 90 Edgar, E.-C.; Wilson, J. F.; RCM offers a promising pathway toward maintenance improvement.; Power, Band 134 (1990) Heft 10, Seite 33-34, 36, 40-41, 44; 1990

EHR 93 Ehrler, H.; Lausterer, G.; Zörner, W.; Integrierte wissensbasierte Systeme zur Prozeßführung und Diagnose im Kraftwerk; BWK Bd. 45 (1993) - März; 1993

GEW 72 Gewald, K., Kasper, K., Schelle, H.; Netzplantechnik, Methoden zur Planung & Überachung von Projekten, Band 2: Kapazitätsoptimierung; München: 1972

GIR 93 Girod, W.; Stender, S.; Konzeption einer zeitnahen Auftrags- und Kapazitätssteuerung für die Instandhaltung in Kraftwerken; interner Projektbericht, IPA; Stuttgart; 1993

GIR 94 Girod, W.-D.; Klapdor, W.; Merz, J.; Instandhaltungsstrategien angemessen einsetzen; VGB Kraftwerkstechnik 74 (1994), Heft 8; 1994

HAR 92   Harmon, J.-M.; Napoli. J.; Snyder, G.; Real-time diagnostics improve power plant operations.; Power Engineering, Barrington, Band 96 (1992) Heft 11, Seite 45-46; 1992

HAS 91   Hassan, A.; INHIST - Datenbanksystem fuer Inspektionsberichte.; TUe Technische Ueberwachung, Duesseldorf, Band 32 (1991) Heft 11, Seite 381-385; 1991

HEE 90   Heer, H.; Schneider, W.; 15 Jahre DV-Anwendung im Instandhaltungsbereich der Kraftwerke.; Instandhaltung in Kraftwerken 1990, Vortraege an der VGB-Konferenz, Technische Vereinigung der Großkraftwerksbetreiber, Essen, D, 24.-25.1-1990, (1990) Jan, Seite 1-18, Papier-Nr. V1; 1990

HEI 94   Heinemann, W.-R.; Stand des EG-Binnenmarktes für Elektrizität; BWK Bd. 46 (1994) Nr. 4 - April; 1994

HOC 90   Hoch, R.-R.; A practical application of reliability centered maintenance.; ASME-Papers, (1990) Seite 1-8 ; 1990

HUE 90   Hueren, H.; Vorbeugende Instandhaltungsmassnahmen und wiederkehrende Pruefungen an elektrischen Stellantrieben.; VGB Kraftwerkstechnik, Band 70 (1990) Heft 11, Seite 922-925; 1990

IPA 92   n. N.; IPA; Blick über den Zaun Ergebnisse aus der Leserumfrage Teil 1; IH, Januar 1992; 1992

IPA 95   MACOS, Produktblatt; Fraunhofer Institut für Produktionstechnik und Automatisierung (IPA); Stuttgart; 1995

JAC 92   Jacobi, H.-F.; Bedeutung der „Funktion" Instandhaltung; Warnecke, H.-J.: Hdb. Instandhaltung Bd 1; 1992

KAU1 92   Kautz, H.-R.; Instandhaltung fossiler Kraftwerke.; TUe Technische Ueberwachung, Duesseldorf, Band 33 (1992), Heft 11, Seite 401-405; 1992

KAU2 92   Kautz, H.-R.; Zustandsorientierte Instandhaltung.; VGB-Kraftwerkstechnik, Band 71 (1991) Heft 7, Seite 653-657; 1992

KOL 91   Kolb, R.; Mittel und Methoden zur Zustandsbewertung von Bauteilen des Wasser-Dampfkreislaufes, insbesondere des Druckkörpers von Dampfkesseln; VGB Kraftwerkstechnik 71 (1991), Heft 6; 1991

KRÜ 92   Krüger, J.; Suwalski, I.; Fuzzy Logik und neuronale Netze in der Maschinendiagnose; ZwF 87 (1992) 11; 1992

KÜH 93   Kühnle, H.; Spengler, G.; Wege zur fraktalen Fabrik; io Management Zeitschrift 62 (1993); 1993

LEN 91   Lengyel, G.; MOV refurbishment program cuts costs, meets requirements.; Power Engineering, Barrington, Band 95 (1991) Heft 2, Seite 24-26; 1991

LOE 92   Loeffel, F.; Leitidee für die Entwicklung eines Cockpits zur Prozeßführung von Kraftwerken.; Brennstoff Wärme Kraft - BWK, Band 44 (1992) Heft 7/8, Seite 323-329; 1992

LOF 92   Lofe, J. J; Lynch, M.-S.; Reliability centered design: power plant conceptual design optimization.; ASME-Papers, (1992) Seite 1-5 ; 1992

MÄN 88   Männel, W.; Integrierte Anlagenwirtschaft; Köln; 1988

MAU 92   Maurer, H.; Carlson, P. A.; Computervisualisierung: Die Krücke für ein fehlendes Organ ?; technologie & management 1/92; 1992

MOR 91   Moriguchi, K.; Yasaka, Y.; Preventive maintenance technology for old hydroelectric generating equipment; Hitachi Review Vol. 40 (1991), No.2; 1991

MOT 89   Motzel, E.; Fortschrittskontrolle im Anlagenbau; Hdb. Projektmanagement; 1989

MÜH 92   Mühlbradt, T.; Mirwald, D.; Mit Komplexitätsmanagement handlungsfähig bleiben; io Management Zeitschrift 61 (1992) Nr. 10; 1992

MÜL1 89   Müller, D.; Methoden der Ablauf und Terminplanung von Projekten; Hdb. Projektmanagement; 1989

MÜL2 89   Müller-Ettrich, R.; Einsatzmittelplanung; Hdb. Projektmanagement; 1989

NEU 93   Neumann, K., Morlock, M.; Operations Research; München: 1993

NIE 84   Nieswandt, A.; Operations Research; Herne: NWB; 1984

ON 94   o. N.; Konkurrenz bei der Stromerzeugung; BWK Bd. 46 (1994) Nr. 4 - April; 1994

PAN 91   Pannenbäcker, K.; KKS-Schlüssel-Programm in PC-Version; VGB Kraftwerkstechnik 71 (1991), Heft 11; 1991

PAT 89   Patzak, G.; Systemtheorie und Systemtechnik im Projektmanagement; Hdb. Projektmanagement; 1989

RIC 94   Rick, E.; Henkel, H.; Karweina, D.; Die Warte - Kriterien für Aufbau und Technik; VGB Kraftwerkstechnik 74 (1994), Heft 4; 1994

ROH 93   Rohrschneider, U.; Einfache Planung ohne Computer. Planungsinstrumente für umfangreiche IH-Maßnahmen; IH, Februar 1993; 1993

RON 92   Ronecker-W.; Instandhaltungskonzept für maschinentechnische Anlagenteile in Kraftwerken.; VGB-Kraftwerkstechnik, Band 72 (1992) Heft 5, Seite402-404; 1992

SAG 92   Sagawa, W.; Hayashi, M.; Uchida, S.; Developmental technology of nuclear power plant maintenance to improve safety and reliability; Hitachi Review Vol. 41 (1992); 1992

SAP 90   RM Inst. 4.3; Produktbeschreibung, SAP AG; Walldorf; 1990

SCHE 91   Scheibel, J.-R.; Colsher, R.-J.; Predictive maintenance for electric utilities.; Sound and Vibration, Band 25 (1991) Heft 5, Seite 18-21; 1991

SCHI 89   Schievink, A.; Woehrle, G.; Prozessfuehrung in konventionellen Kraftwerken.; Energiewirtschaftliche Tagesfragen, Band 39 (1989) Heft 3, Seite 130-133; 1989

SCHM 93   Schmitt, A.; Technische Abwicklung im Anlagenbau; wt Juni 1993 S. 72 - 75 ; 1993

SCHN 93   Schneider, W.; Anforderungen der Instandhaltung an DV-gestützte Dokumentationssysteme; VDI-Berichte Nr. 1092: Schadenverhütung in Energietechnischen Anlagen II; 1993

SER 92   Serridge, M.; Industry standard technology for large machinery monitoring systems.; Sound and Vibration, Band 26 (1992) Heft 12, Seite 16-20; 1992

SHI 92   Shiroumaru, I; Iwamiya, T; Fukai, M.; Integrated operation and management system for a 700 MW combined cycle power plant.; IEEE Transactions on Energy Conversion, Band 7 (1992) Heft 1, Seite 20-28; 1992

SHI 93   Shimizu, S.; Sugawara, M.; Sakurai, S.; Mori, T.; Saikawa, K.; Decision-making support systems for reliability-centered maintenance.; Journal of Nuclear Science and Technology, Band 30 (1993) Heft 6, Seite 505-515; 1993

SIH1 92   Sihn, W.; Ein Informationssystem für Instandhaltungsleitstellen; Berlin: Springer; 1992

SIH2 92   Sihn, W.; EDV-Systeme zur Unterstützung der Ablauforganisation in der Instandhaltung; Warnecke, H.-J.: Hdb. Instandhaltung Bd 1; 1992

SMA 89   Smart, D. B.; Die Entwicklung von Strategien zur Kraftwerksinstandhaltung bei der CEGB.; VGB Kraftwerkstechnik, Band 69 (1989) Heft 7, Seite 662-664; 1989

SOR 90   Sorke, W.; Helm, K.-H.; DV-gestütztes Dokumentationssystem für die Anlagenerfassung und -verwaltung bei bestehenden Anlagen; VGB Kraftwerkstechnik 70 (1990), Heft 10; 1990

STE 92   Stender, S.; Ablauforganisation für den Instandhaltungsbereich; Warnecke, H.-J.: Hdb. Instandhaltung Bd 1; 1992

STE 94   Stender, S.; Informationssysteme in einer dezentralen Anlagen- und Prozeßverantwortung; Sihn, W.; Stender, S.; Wincheringer, W.: Organisation der Instandhaltung in dezentralen Produktionsstrukturen; Königsbrunner Seminare Verlag, Augsburg; 1994

STU 93   Sturm, A.; Zustandsbezogene Instandhaltung - Erfahrungen und Probleme -; VGB Kraftwerkstechnik 73 (1993), Heft 5; 1993

STU 94   Sturm, A.; Zustandsorientierte Instandhaltung für Kraftwerke; VGB Kraftwerkstechnik 74 (1994), Heft 4; 1994

SUM 92   Sumanth, D.-J.; Reckford, S.-J.; A power plant maintenance worker productivity process.; Industrial Engineering, Band 24 (1992) Heft 10, Seite 54-57; 1992

THI 92   Thiesbrummel, J.; Borchers, M.; Instandhaltung mit Thermographie im Kraftwerksbereich; VGB Kraftwerkstechnik 72 (1992), Heft 9; 1992

THO 92   Thomaßen, V.; Entwicklungsstand der rechnergestützten Pla-
              nung und Steuerung in der Instandhaltung; CIM Management 5
              / 92; 1992

ULL 90   Ullmann, K.; Technische und politische Perspektiven der Erzeu-
              gung von elektrischer Energie in den USA; VGB Kraftwerks-
              technik 70 (1990), Heft 2; 1990

VAL 92   Valverde, L. J.; Gehl, S.M.; Probablilistic models for uncertainty
              management in expert systems with applications to fossil power
              plants; Proceedings of the Institution of mechanical engineers,
              Part A: Journal of power and energy; Band 206 (1992) Heft A1;
              1992

VDI 2890   Planmäßige Instandhaltung, Anleitung und Erstellung von
              Wartungs- und Inspektionsplänen; VDI - Handbuch Betriebs-
              technik, Teil 4; 1986

VDI 2891   Instandhaltungskriterien bei der Beschaffung von Investitions-
              gütern; VDI - Handbuch Betriebstechnik, Teil 3; 1985

VDI 2894   Personalplanung im Instandhaltungsbereich; VDI - Handbuch
              Betriebstechnik, Teil 4; 1987

WED 91   Wedam, G. M.; Lenz, M.; Hartner, H.; Combined uprating and
              refurbishment of the Ybbs-Persenbeug scheme; International
              Water Power and Dam Construction, Band 43 (1991) Heft 10,
              Seite 29-32; 1991

VERW 93   Verweyen-Frank, H.; Schenck, K.; WISENT: Ein Fuzzy-Exper-
              tensystem zur Verteilung von Revisionszeiten bei Kraftwerks-
              blöcken; VDI-Berichte Nr. 1092: Schadenverhütung in Energie-
              technischen Anlagen II; 1993

VET 90   Vetter, H; Zuverlässigkeit von Kraftwerken am Beispiel des
              Kraftwerkes Neurath; VGB Kraftwerkstechnik 70 (1990), Heft 6;
              1990

VET 93   Vetter, H.; Broisch, A.; Information und Motivation als Führungs-
              instrumente im Kraftwerksbetrieb; VGB Kraftwerkstechnik 73
              (1993), Heft 12; 1993

WA 92   Warnecke, H.-J.; Die fraktale Fabrik; Springer; 1992

WAL 90   Walker, I.; Cooper, D.; Measuring maintenance effectiveness.;
              Power Engineering, Barrington, Band 94 (1990) Heft 11, Seite
              28-30; 1990

WEI 91   Weiss, R.; Aufbau von Sachmerkmalleisten, Diplomarbeit am Institut für Fabrikbetrieb (IFF) der Universität Stuttgart; Stuttgart ; 1991

WEI1 90   Weisang, C.; Expertensysteme zur Führung komplexer technischer Systeme; BWK Bd. 42 (1990) Nr. 5 - Mai; 1990

WEI2 90   Weisang, C.; Zinser, K.; Zukunftsweisende Informationsverarbeitung in der Prozessfuehrung.; Steel and Metals Magazine, Band 28 (1990) Heft 7/8, Seite 425-431; 1990

WIE 90   Wiechmann, K.; Keil, E.; Meeting the 72-day deadline: the contractor's perspective.; Nuclear Engineering International, Band 35 (1990) Heft 426, Seite 24-26, 29; 1990

WOR 93   Worledge, D.-H.; Nuclear industry embraces reliability - centered maintenance. This common sense approach to maintenance is winning converts, but starting a program takess effort.; Power Engineering, Barrington, Band 97 (1993) Heft 7, Seite 25-28; 1993

YAM 91   Yamanaka, T.; Boiler preventive maintenance techniques; Hitachi Review Vol. 40 (1991), no. 2; 1991

YEA 94   Yeager, K.E.; Technik als Anstoß zum Strukturwandel in der Kraftwerkswirtschaft der USA; VGB Kraftwerkstechnik 74 (1994), Heft 3; 1994

ZIMH 87   Zimmermann, H.-J.; Methoden und Modelle des Operations Research; Braunschweig: Vieweg; 1987

ZIMH 93   Zimmermann, H.-J.; Fuzzy Technologien; Düsseldorf: VDI; 1993

Anhang

Beispiel einer partiellen Planung

In den folgenden Abbildungen ist eine partielle Planung in ihrer zeitlichen Entwicklung dargestellt. Grundlage für die Planung ist die beispielhafte Anlagenstruktur aus -> Abbildung 6.7. Die nachfolgende Nomenklatur der Ebenen hält sich an die Nomenklatur der KKS wie sie in -> Kapitel 4.3. erläutert wurde. Die vollständigen Bezeichnungen der KKS-Elemente sind im folgenden der Einfachheit halber weggelassen, sie sind in -> Abbildung 6.7 aufgeführt. Die Balken kennzeichnen Start- und Endetermine einzelner KKS-Elemente.

Die Ebene [5] bezieht sich auf den vollständigen Kraftwerksblock, die nächste Ebene [5 L] bzw. [5 N] auf den Dampf-, Wasser-, Gaskreislauf [5 L] bzw. ... [5 N]. Die Ebenen können weiter differenziert werden, hier sind noch zwei weitere Ebenen dargestellt. Ein Element ist in den Abbildungen als Balken dargestellt, wodurch Start-, Endezeitpunkt und Dauer des Elementes bestimmt werden.

Zu Beginn der Planung in -> Abbildung ① sind die Balken bis zur 4. Ebene selektiert, alle Balken sind parallelisiert. Damit wird jeder Kraftwerkskomponente ein Sammelbalken im PSP zugeordnet. D.h. der dargestellte Balken zu [5 LAA] ist nicht ein einzelnes Element, sondern unterhalb von [5 LAA] befinden sich weitere Strukturelemente mit Elementen und Arbeitsvorgängen. Vor Beginn der hier dargestellten Planung müssen die Elemente unterhalb von [5 LAA] in der richtigen Reihenfolge positioniert werden, damit die Länge des Balkens von [5 LAA] zur Planung bekannt ist. Damit sind der Starttermin des ersten Vorganges von [5 LAA] sowie der Endetermin des letzten Vorganges zu [5 LAA] festgelegt. Der Planungsablauf innerhalb der Gruppe [5 LAA] ist der gleiche wie der hier dargestellte zum Block [5], so daß auf diese Darstellung analog geschlossen werden kann. Eine vorherige Ausplanung bis zu dieser Ebene ist sinnvoll, da sonst sehr viel nachgeplant werden muß. Zudem hat sich in der praktischen Anwendung des Planungsansatz als DV-Programm gezeigt, daß bis zur Parallelisierungsebene die Zeiten der darunterliegenden Vorgänge geschätzt werden, was gute Näherungen ergab. Nach Durchführung einer Revision liegen die Zeitgerüste als qualifizierter Lebenslauf vor, so daß z.B. 5 LAA als ausgeplante Komponente vorliegt und der Planungsaufwand innerhalb der Komponenten sich verringert.

Es ist erkennbar, wie zuerst auf oberer Ebene [5 N] in -> Abbildung ② und [5 LB] in -> Abbildung ③, ④ eine Verschiebung und Planung vorgenommen wird. Anschließend wird in [5 LA] eine Detailplanung durchgeführt und die Auswirkungen werden in -> Abbildung ⑤ dargestellt. Zu erkennen ist, daß [5 LB] betroffen ist und da keine Abhängigkeiten bestehen [5 LB] ein zweites mal in -> Abbildung ⑥ verschoben werden muß. Hier entsteht nun die Forderung nach einer weiteren Art von Abhängigkeiten - der explizit gesetzten Abhängigkeit - wie sie schon in

-> Kapitel 5.1. diskutiert wurde. Wäre eine explizite Abhängigkeit gesetzt, die Verschiebung von [5 LA] würde dann ein automatisches Verschieben von [5 LB] bewirken. Dies hat jedoch den Nachteil, das der Planer die Auswirkungen bei mehreren Abhängigkeiten nicht mehr übersieht und ein starres Netz gesetzt wird.

Ein wichtiges Element bei der Konzeption dieses Planungsansatzes ist jedoch, das ein Planer flexibel reagieren kann und explizit eine Veränderung, die sich auf nachfolgende Vorgänge auswirkt, nachvollziehen soll. Bei der partiellen Planung ohne explizite Abhängigkeiten muß jede Verschiebung auf mögliche Auswirkungen aus der betrachteten Ebene heraus geprüft werden. Für das obige Beispiel heißt dies, daß nach Verschieben von [5 LA] geprüft werden muß, ob [5 LB] betroffen ist. Das ist hier der Fall, [5 LB] muß nachgezogen werden. Bei einer explizit gesetzten Abhängigkeit zwischen [5 LA] mit [5 LB] würde [5 LB] automatisch mit verschoben. In diesem Fall wäre das Verschieben von [5 LB] dem Planer womöglich nicht aufgefallen, entsprechende Auswirkungen und Reaktionen könnten nicht geprüft werden.

Durch die Möglichkeit der partiellen Planung hat der Planer jedoch die Möglichkeit, mit einer Aktion - dem Verschieben von [5 LB] - alle darunterliegenden Vorgänge mit zu verschieben, so daß der Aufwand des Nachprüfens begrenzt bleibt. Diese Verschiebungen werden solange durchgeführt, bis alle Balken geplant sind. Eine weitere Vertiefung der Planung unterhalb der 4. Ebene kann im Detail vorgenommen werden. Die Planungstiefe und -genauigkeit kann somit immer weiter detailliert werden.

Anschließend wird [5N] in -> Abbildung ⑦ nachgezogen, [5LB] in -> Abbildung ⑧ ausgeplant, [5N] in -> Abbildung ⑨ nochmals nachgezogen und in -> Abbildung ⑩ vollständig ausgeplant, so daß mit -> Abbildung ⑩ das Planungsergebnis vorliegt.

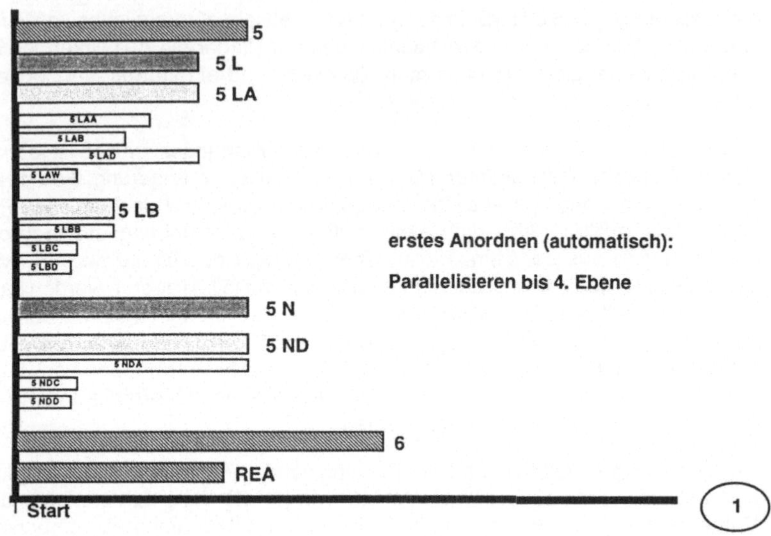

5
5 L
5 LA
5 LAA
5 LAB
5 LAD
5 LAW
5 LB
5 LBB
5 LBC
5 LBD
5 N
5 ND
5 NDA
5 NDC
5 NDD
6
REA
Start
erstes Anordnen (automatisch):
Parallelisieren bis 4. Ebene
1

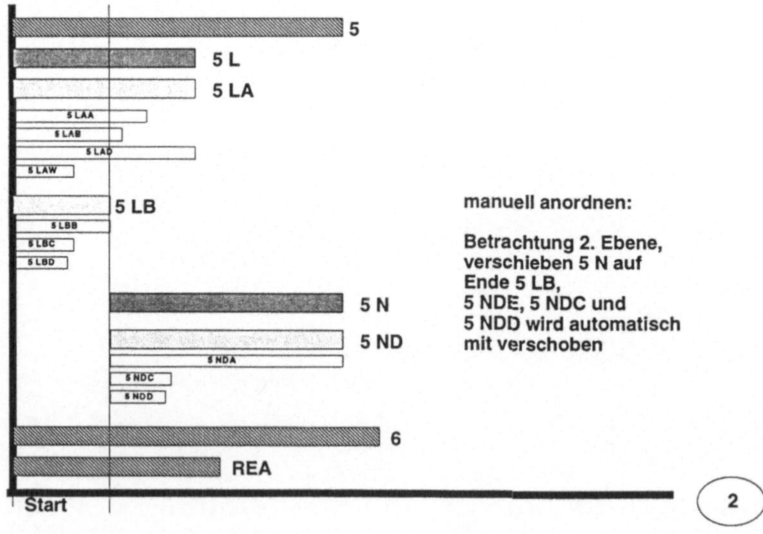

5
5 L
5 LA
5 LAA
5 LAB
5 LAD
5 LAW
5 LB
5 LBB
5 LBC
5 LBD
5 N
5 ND
5 NDA
5 NDC
5 NDD
6
REA
Start
manuell anordnen:
Betrachtung 2. Ebene,
verschieben 5 N auf
Ende 5 LB,
5 NDE, 5 NDC und
5 NDD wird automatisch
mit verschoben
2

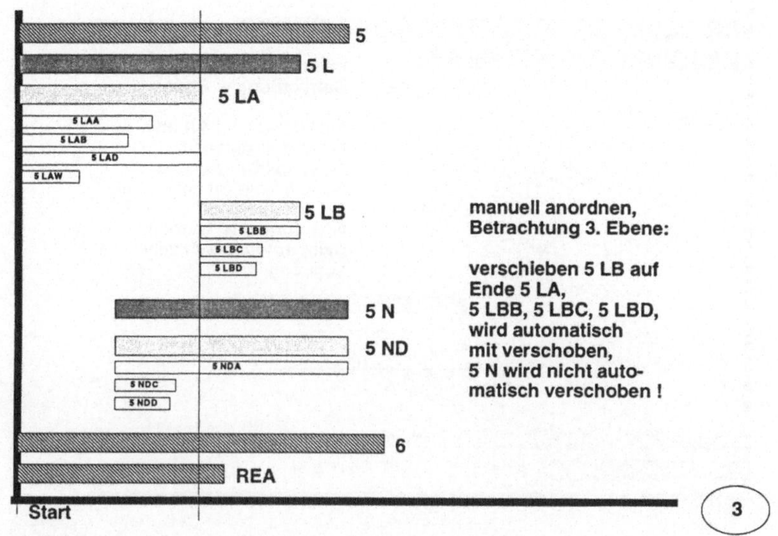

5
5 L
5 LA
5 LAA
5 LAB
5 LAD
5 LAW
5 LB
5 LBB
5 LBC
5 LBD
5 N
5 ND
5 NDA
5 NDC
5 NDD
6
REA
Start
manuell anordnen,
Betrachtung 3. Ebene:

verschieben 5 LB auf
Ende 5 LA,
5 LBB, 5 LBC, 5 LBD,
wird automatisch
mit verschoben,
5 N wird nicht auto-
matisch verschoben !
3

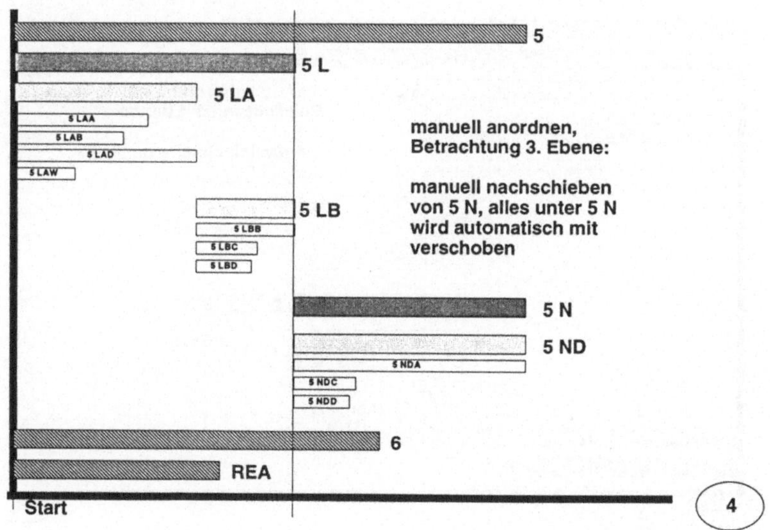

5
5 L
5 LA
5 LAA
5 LAB
5 LAD
5 LAW
5 LB
5 LBB
5 LBC
5 LBD
5 N
5 ND
5 NDA
5 NDC
5 NDD
6
REA
Start
manuell anordnen,
Betrachtung 3. Ebene:

manuell nachschieben
von 5 N, alles unter 5 N
wird automatisch mit
verschoben
4

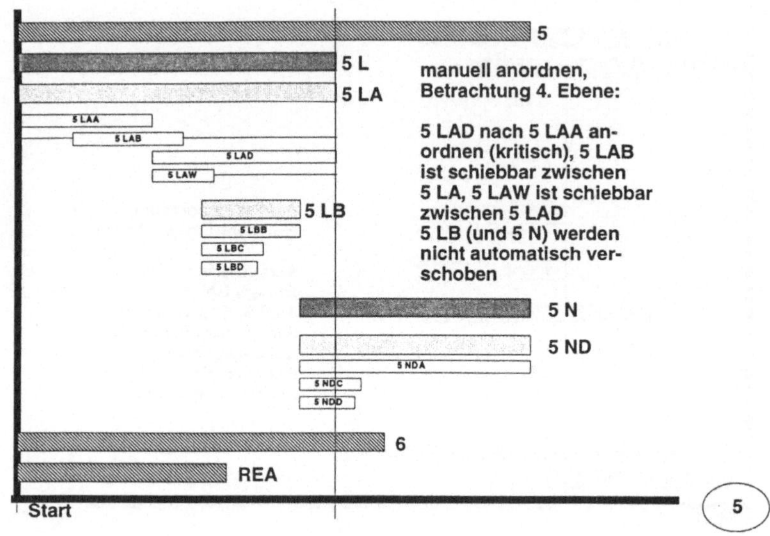
5
5 L
5 LA
5 LAA
5 LAB
5 LAD
5 LAW
5 LB
5 LBB
5 LBC
5 LBD
5 N
5 ND
5 NDA
5 NDC
5 NDD
6
REA
Start
5
manuell anordnen,
Betrachtung 4. Ebene:

5 LAD nach 5 LAA an-
ordnen (kritisch), 5 LAB
ist schiebbar zwischen
5 LA, 5 LAW ist schiebbar
zwischen 5 LAD
5 LB (und 5 N) werden
nicht automatisch ver-
schoben

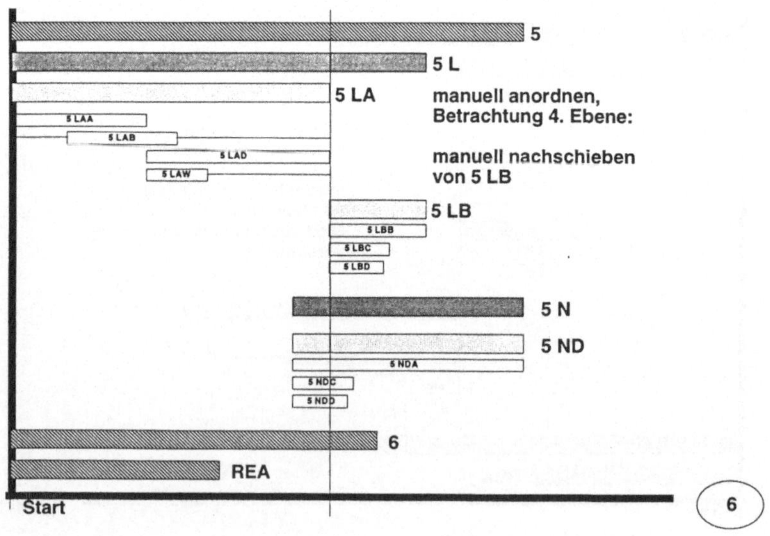
5
5 L
5 LA
5 LAA
5 LAB
5 LAD
5 LAW
5 LB
5 LBB
5 LBC
5 LBD
5 N
5 ND
5 NDA
5 NDC
5 NDD
6
REA
Start
6
manuell anordnen,
Betrachtung 4. Ebene:

manuell nachschieben
von 5 LB

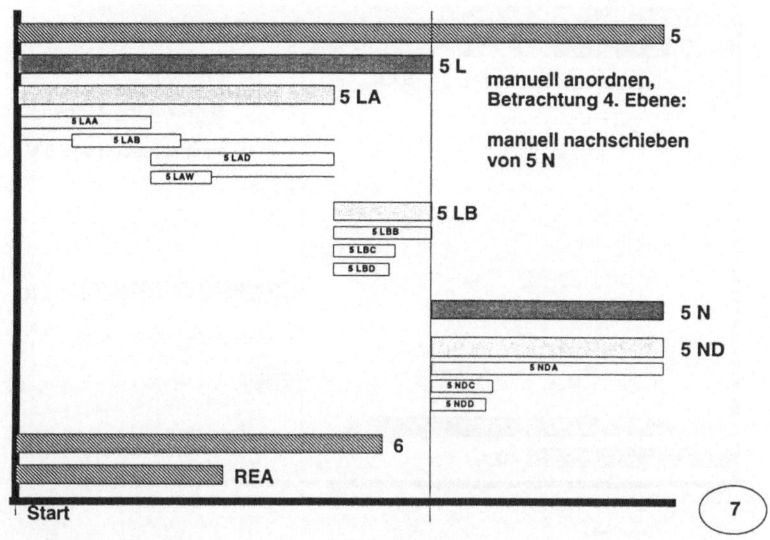

5
5 L
5 LA
5 LAA
5 LAB
5 LAD
5 LAW
5 LB
5 LBB
5 LBC
5 LBD
5 N
5 ND
5 NDA
5 NDC
5 NDD
6
REA
Start
manuell anordnen,
Betrachtung 4. Ebene:
manuell nachschieben
von 5 N
7

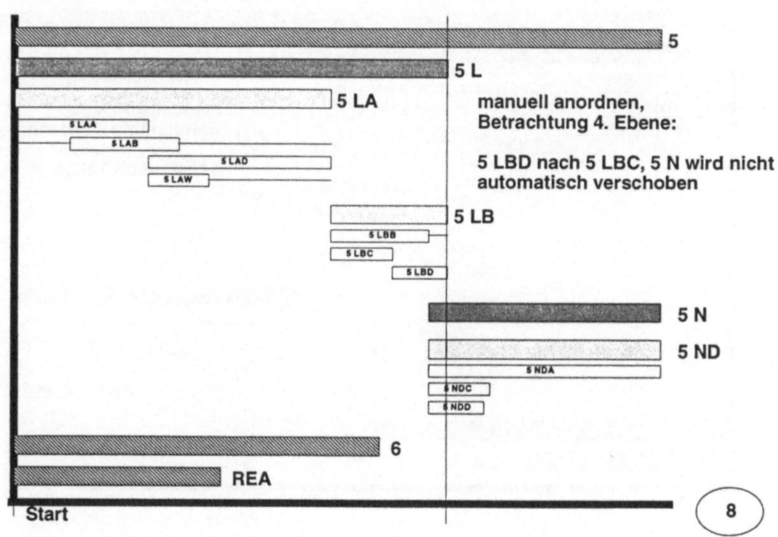

5
5 L
5 LA
5 LAA
5 LAB
5 LAD
5 LAW
5 LB
5 LBB
5 LBC
5 LBD
5 N
5 ND
5 NDA
5 NDC
5 NDD
6
REA
Start
manuell anordnen,
Betrachtung 4. Ebene:
5 LBD nach 5 LBC, 5 N wird nicht
automatisch verschoben
8

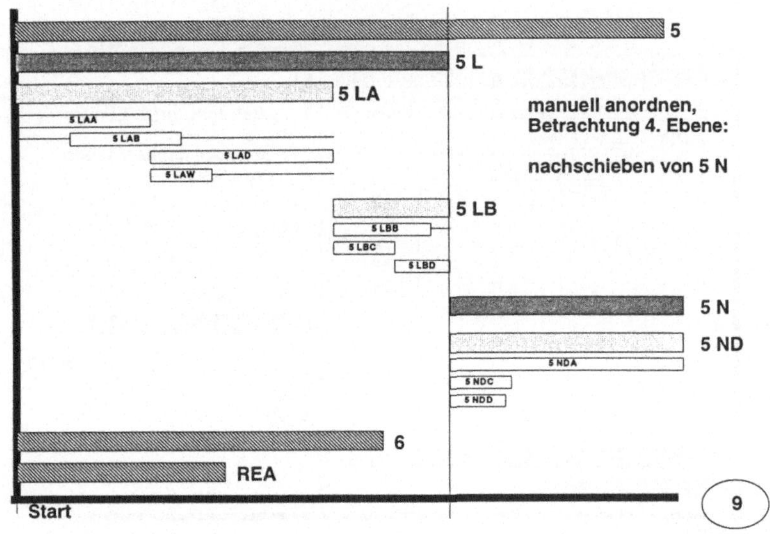
5
5 L
5 LA
5 LAA
5 LAB
5 LAD
5 LAW
5 LB
5 LBB
5 LBC
5 LBD
5 N
5 ND
5 NDA
5 NDC
5 NDD
6
REA
Start
manuell anordnen,
Betrachtung 4. Ebene:
nachschieben von 5 N
9

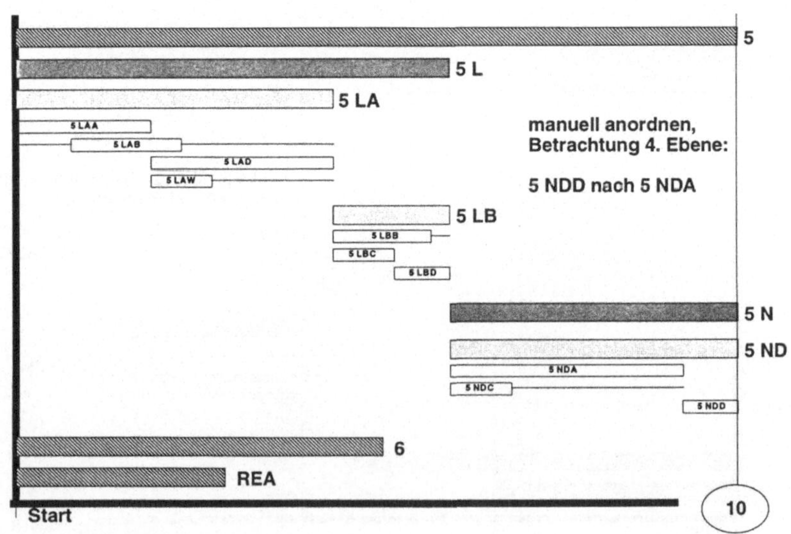
5
5 L
5 LA
5 LAA
5 LAB
5 LAD
5 LAW
5 LB
5 LBB
5 LBC
5 LBD
5 N
5 ND
5 NDA
5 NDC
5 NDD
6
REA
Start
manuell anordnen,
Betrachtung 4. Ebene:
5 NDD nach 5 NDA
10